可持续发展的
社区新类型公共艺术

Sustainable Development of
Community New Genre Public Art

范晓莉 著

中国建筑工业出版社

图书在版编目（CIP）数据

可持续发展的社区新类型公共艺术 = Sustainable
Development of Community New Genre Public Art / 范
晓莉著. —北京：中国建筑工业出版社，2021.3
ISBN 978-7-112-25955-7

Ⅰ.①可… Ⅱ.①范… Ⅲ.①社区—环境设计—可持
续性发展 Ⅳ.①TU984.12

中国版本图书馆CIP数据核字（2021）第039278号

本书为2018年教育部人文社会科学研究规划基金项目《新类型公共艺术
对中国社区的微介入模式研究》（18YJA760012）阶段性研究成果。

责任编辑：吴　绫　贺　伟
文字编辑：李东禧
版式设计：锋尚设计
责任校对：王　烨

可持续发展的社区新类型公共艺术
Sustainable Development of Community New Genre Public Art
范晓莉　著

*

中国建筑工业出版社出版、发行（北京海淀三里河路9号）
各地新华书店、建筑书店经销
北京锋尚制版有限公司制版
北京中科印刷有限公司印刷

*

开本：787毫米×1092毫米　1/16　印张：12¼　字数：258千字
2021年3月第一版　　2021年3月第一次印刷
定价：56.00元
ISBN 978-7-112-25955-7
（37099）

序

从政治哲学和制度文化的视角来看，公共艺术即是运用公共资金及社会公共领域实施艺术性对话和社会福利机制的运作；从艺术社会学的角度来看，即是倡导社会公众参与并服务于社会公共空间和日常生活内涵建设的艺术。

中国的公共艺术自20世纪90年代中期以来，随着城市化进程的演进已经走过了若干阶段。人们起初对于舶来的"公共艺术"概念的理解和做法主要是以城市雕塑或环境美化的方式去打扮城市，注重的是空间形态的视觉美学，如侧重于城市广场、公园、市政中心、公共建筑、交通枢纽或文娱和商贸展演场馆环境的形式美化。到21世纪头十年左右则把公共艺术项目更多作为城市空间更迭改造的设计，商业营销项目的环境和形象塑造抑或旅游景点及产业园区形象营造与传播的工具加以运用。而在近十年来，随着艺术观念和社会需求的纵深发展，学界和部分艺术家们逐渐开始注重公共艺术与特定地域、生活社区及特定公共场所的特殊需求而思考公共艺术与民众日常生活的多维关系。逐步关注公共艺术生成过程与特定区域生态环境中的历史、自然、人文和现实生活的对应关系。意欲把艺术形式的张扬及艺术家主导的审美表现，部分转向对于城市住民和公众日常生活需求的响应。逐渐体悟和强调当代公共艺术的若干价值取向及实践方法，如强调和响应"在地性""互动性""参与式""生长式"及"生态性"等概念和内涵。概要地看，这些认识是主张对于城市及乡镇居民的主体地位的优先和尊重，是倡导在公共资源的投入与艺术文化建构中对于人及社群利益的关切和地方文化的维护，贴近社会民生和城市基层文化艺术建设的内在需求。

公共艺术在西方国家的实践中显现的价值意味和现实需求主要体现在几个要点之上：一是主张艺术文化的民主与多元；另一是实现艺术的社会福利化，实现国家和政府对于艺术产品的购买、收藏和服务社会的公益职责；再则是通过公共艺术的发展促进国家和社会的艺术创作与交流的繁荣。公共艺术的内涵与方法是处在发展之中的，它是与社会公众和日常生活密切关联的艺术，它依托于公共资源、公共文化政策和公众参与而存在。公共艺术在中国当下的实践与理论问题的前沿，是依据不同城市和地域的社会建设、公民教育和经济发展需求而寻求适切性和公共性意义的理论和方法。其中对于城市及乡镇社区的综合性改造和推动社群文化的建构与对话，成为其重要的艺术内涵和目的之一。

当代公共艺术实践逐渐注重艺术与城市（乡镇）社区的关系，是因为无论从社会文化哲学还是从公共艺术的核心价值内涵来看，都是要把培育人们的精神文化和维护社会共同体的交往看作是实现其价值和理想的重要途径及生活所需。社区则是城市社会的基础性单元，是市民生活赖以生息、养育和个体及社群文化再生产的互助性机构。社区是与其成员的生活环境和品质发生密切关系的某种空间文化形态和精神性场所，市民文化的自主性培养与社会基本行为的习得，在很大程度上是从社区日常生活和公共交往中实现的。当代公共艺术的社区实践的基本目的和意义，首先在于为社区营造具有公共性的文化内涵并适于内部社群交往的公共空间和生活场域，以利于其社区身份的认同和内部事务的沟通和共同参与，其呈现方式多以公共艺术活动及项目建设的途径即包括开放的艺术行为或艺术事件以及长期保留的艺术形式的实施。然而艺术的呈现及其创造的依据，却需要针对和适应城乡社区的自身属性、综合条件和实际需求而展开，贴近社区居民群落不同方向和内涵的现实需求。

当代公共艺术与社区日常生活内涵的融入，并非要降低艺术观念和技艺的高度，而是需要强调艺术的公共性、参与性与普通居民生活及交往的现实性关系，却非仅为外在的表演和视觉形式的张扬。当代公共艺术社区实践的切入点及利益相关的维度往往是多样和多层次的，其目的和功能往往伴随着其特殊性及复合性。

在城市化、商业化的规模和品质发展到一定程度时，城市社区的代际更迭、生活方式和相关产业形态的更新，社区人际交往、利益关系以及亚文化群的诉求均会随之变化，尤其是老旧社区的形态、功能、设施、管理等方面均会发生诸多滞后或故障，产生出新旧交替中不同利益群体的差异性诉求。因此，当代公共艺术在城市社区再造中的文化角色、功能和方法需要具有适应性和创造性的作为，尤其是大都市社区类型和居民群体身份的差异化，需要公共艺术的创作和介入方式基于社区居民的日常生活需求而予以适切、包容和共享性的营造，而非某种既有模式的套用或仅由艺术家个人意趣的任意发挥。近十多年来，中国的公共艺术在城市及乡镇社区的实践中已呈现出一批案例，其良莠与得失有待艺术界和文化学界深入研究。但无论如何，增进城市社区公共艺术文化的综合性、参与性和生活化发展，是当代艺术和城市化建设相互促进、相互融入的重要需求和发展趋向。

得知青年学人范晓莉将出版关于社区公共艺术新类型方面的研究著述，并请我作序。出于对当代城市文化艺术的兴趣和学习的愿望，在拜读此书的同时便尝试着写些粗略的认知。我们可以看到，范晓莉在社区公共艺术的实践和理论思考中，关注到公共艺术的社区介入在国内近些年发展的一系列案例和类型的情状。在她的研究和表述中对于公共艺术与地方生态关系多有关切，这其中的生态应该是包含了地方及社区所具有的自然、历史、社会、文化、经济因素以及日常生活方式和观念形态的因素，使得艺术的融人的理论和方法具有其合理性及可行性。当代公共艺术的实践经验已经告诉人们，艺术与特定地域和社区的融入，并非艺术形式的独自张扬和艺术家审美态度的自我表演，而是需要考虑到特定社区的综合因素，注重其利益主体中不同层次的需求及可持续性的发展需求。

在范晓莉的著述中对于空间和场域问题多有涉猎，注意到艺术介入与公共空间的形貌、特性、功能和人的心理的内在关系，以人的行为方式和社会交往需求与空间场域的适切性和精神性视角加以整体性的观察。其必要性在于公共艺术的重要目的之一，是建构富有文化精神和人本关怀的公共交往空间。社区空间的形成和使用过程意味着空间的权力和社区政治的内涵。好的社区空间的一个重要特性即是让更多的社区居民可以分享社区公共空间的日常实用功能和文化交流功能，增进空间场所的吸引力和分享性，并注重社区空间对于不同身份和状态的居民的差异性需求的满足。她的著述中，一方面着眼于社区艺术培养中的制度性建设的问题，以探究公共艺术项目实施赖以生存的资金、程序、管理及后续性问题的现状，一方面注重社区艺术的一些具体实施方法、经验和类型的归纳和研究，以探讨社区行政机构、艺术家和社区居民以及赞助机构各方的关系和协作机制等问题。

客观上，公共艺术的文化结构和社会属性，决定了在政府及社会资金的艺术购买、投入与实施过程中，精英及专业艺术家与大众文化、政府权力及市场经济之间几者的复杂关系，而社区公共艺术的实施，同样需要各方善于面对各自的角色特性和权益的协商、包容乃至必要的妥协，这样才有可能呈现包容多方利益诉求的公共艺术。当然，其中艺术家和项目策划人的作用依然具有其显在的重要性，他们是艺术融入社区的主要力量，毕竟"人人都是艺术家"的言说并没有成为普遍的现实，但若在艺术融入社区建设的方法上注重其程序的合法性和公共参与性，即可使艺术文化的民主参与和社区协作得到更好的体现。从特定的意义上看，社区公共艺术的要义，决不仅仅是视觉上的美化环境和吸引眼球，而是需要运用有限的公共资源和外部协作，以社区成员的利益诉求及公众的接受能力作为艺术营造活动的主要价值判断，为社区文化和居民生活谋取福祉，以利于促进社区成员彼此的认同感和归属感，增进社区内部的凝聚力和自豪感。因而，就社区艺术融入和延展的方法而言，确实需要因地制宜，一事一议。需要在普遍性经验之上进行个案化的调查和实效性应对。应该说，此著述对于此类问题和观念的探讨进行了迫切性和积极性的回应。

我以为，作者范晓莉论及的可持续发展的社区新类型公共艺术的根本要义，在于着重探讨艺术融入社区建设的目的和方法的社会价值和文化价值，也包括其程序和实施办法的科学性和合法性。当社区公共艺术以社区居民的实际利益关切为主要关切，以社区内部的文化和人才资源为基本依托，以维系社区生态和提升社区共同体生活品质为目的，以社区精神和社区艺术文化的长期建设为目标，社区公共艺术的可持续性即可得到更好的支撑和更大的动力。这种强调自下而上或上下结合的艺术建设模式，以及强调艺术文化的民主性和公众参与性的社区艺术理念和方法，显然不仅仅是让我们的社区更多地具有精神文化和生活美学的品质，而是可以通过艺术融入社区日常生活的实践而提升社区民众对于公共事务的参与意识和作为社区主人的主体意识，进而培育更多的拥有良好的公民素养和公共精神的优秀市民。

　　诚然，在一个艺术文化领域的改革和拓展，客观上需要拥有更大范围的文化语境和社会文化政策作为支持，而同时，艺术实践和理论的探讨又往往可能作为时代发展与革新的先声。公共艺术所具有的更大的社会功能及文化意义也恰在于此。

翁剑青

2020年9月于北京

前言

公共艺术从诞生那一天起就与社会大众保持着紧密而融洽的关系，公共艺术成为人们认识一座城市的启蒙点，它以美学、哲学、历史、艺术等观念为指导，结合城市的具体特色艺术地呈现人类的生活状态，引导人们从各种角度，包括自然、科学、环境、人文、生态、技术等，研究人与环境、人与空间的关系，使人敬畏自然、善待环境。社区建设与改造是城市化过程中必不可少的环节，近年来，大量的艺术家、设计师开始走进社区、村镇，用艺术的语言和方式介入公共话题，拉近了公众与艺术之间的距离。随着全球文化多样性和新旧社区的持续发展，公共艺术承担着捕捉社区独特动态和能量的作用。艺术和文化与社区的身份有着内在的联系，艺术家在表达社区文化、传统文脉与现代文明的同时，还带动各方力量的共同参与，通过新类型公共艺术的介入与互动，探求当地居民的生活及精神所需，塑造民俗精神文化空间，活化了传统的生活方式，改善了社区的生活品质和环境质量。从某种意义上说，作为社会一分子的艺术家不再仅仅是一种职业的专家，而需要超越其自身专业知识领域及所在阶层利益的局限，成为可以在公共领域为社会担当一定职责和道义的公共知识分子。

纵观艺术发展史，公共艺术经历了两个发展阶段。第一个发展阶段是传统公共艺术（Traditional Public Art），将艺术品置于美术馆和博物馆之外的公共空间中，在较长的一段时间内，公共艺术以城市雕塑的形态大量地出现在城市空间和建筑之间，在提高空间品质，提升市民及游客对于城市空间的参与度，建立城市的地标形象等方面作出了很多的贡献，可称为"街区艺术"。第二个发展阶段被称为新类型公共艺术（New Genre Public Art），在这个阶段中，公共艺术的设置空间由城市街区转移到社区，创作主体由艺术家转为社区居民，成为"社区艺术"（Community Art）。"新类型"这个词语在20世纪60年代末就被用来描述那些使用有别于传统媒介范畴的艺术，它们不一定是绘画、雕塑或录影，新类型艺术也包括不同媒介的结合，例如装置、表演、观念艺术和多媒体等艺术。新类型公共艺术的突出特点是：用"社区公众"代替"艺术家私我"，以"公共空间营造"取代"艺术品创作"，公众通过参与营造的过程分享创作感受和社会生活。近年来，公共艺术开始从社区营造的方面逐步介入城市总体规划的过程中，城市规划的重点已经转移到社区层面上，多方邀请规划师、建筑师、艺术家、学者、居民和市场力量共同参与，使得公共空间呈现的方式更多元，内涵更丰富。新类型公共艺术作为新鲜的艺术介入力量，能够在激活社区空间活力、吸引人们户外活动的同时，还可以提升社区空间品质与特色。新类型公共艺术介入社区营造的过程中，公共艺术的参与机制对社区产生了重要的影响，即通过公共艺术引导人们的参与，一方面提升物质层面水准，另一方面通过软环境、社区的居民及外来因素的加入，增强居民的归属感，进而加深对社区认同感的营造。以公共艺术来对接社会和服务社会，将公共艺术视为"用艺术的语言、方式参与和解决公共问题"的运作机制。现代社区营造重视社区物质文明的建设，更关注社区的精神文明建设，主要体现在精神文化生活方面，这是构成其整体品格和印象的重要组成部分。社区物质形态与文化精神的再造与更新有利于社会持续、平稳、有活力的健康发展，公共艺术作为最强调大众参与特性的艺术形式，其倡导和介入可以最大限度地将良性文化理念植入市民生活，使艺术与市民的社会生活完美结合，在激发居民对社区的认同感和归属感，传承社区文脉和历史风貌，以及协助社区经济、文化、教育事业的发展等方面发挥非常积极的作用。

本书的主体研究内容是社区新类型公共艺术模式的建构，探讨在中国的国情之下，新类型公共艺术如何通过有效的途径介入社区营造中去。在此之前，本书通过第1部分的内容首先对社区的可持续发展与新类型公共艺术介入社区发展等相关概念进行了阐述，第2部分则是从理论研究和营造实践两方面对社区新类型公共艺术进行了进一步的论述，尤其在实践部分，笔者从核心问题、引发机制、社群主体、操作模式和空间效应等五个方面分别整理归纳了近30个中国社区新类型公共艺术的相关案例，跨越了北京、河北、山西、上海、江苏、安徽、浙江、福建、湖北、湖南、广东、重庆、四川、贵州、云南、甘肃、香港、澳门、台湾等19个省、市和地区，时间跨度从2007年至2020年，其新类型公共艺术项目涉及了社区参与、公众参与、关注生命、心理疗愈、地方重塑、生态环境等不同视角。在本书的第3部分进入了主体研究内容，通过新类型公共艺术介入社区营造的路径解析，系统总结了艺术的介入方法，从三个方向详细剖析了具体模式的构建，分别是营造社区公众生活与共享空间的模式、构建社区可食景观与康复花园的模式、规划生态场域与城乡新生活的模式。

本书研究的开展主要具有以下几方面的意义：首先，通过对社区的可持续发展和新类型公共艺术介入的基本概念的梳理，可以明确社区新类型公共艺术的内涵及意义；其次，通过对我国社区近13年来开展的各种新类型公共艺术案例的梳理和总结，绘制了一幅特殊的艺术地图，可以为中国的社区新类型公共艺术的研究与实践提供一定的基础；最后，通过可持续发展的社区新类型公共艺术模式的建构，可以为我国社区的可持续发展提供艺术介入的有效途径，同时为新类型公共艺术的发展如何围绕大众与民生等不同的社会议题来进行综合思考与探索实践提供一定的参考方向。

目 录

第3部分 可持续发展的社区新类型公共艺术模式建构

第 **1** 部分

可持续发展与
新类型公共艺术

第 1 章　社区的可持续发展

1.1　社区的概念与定义

　　人类总是合群而居的，人类的活动离不开一定的地理区域，人类社会群体聚居、活动的场所就是具有一定地域的社区。在远古游牧社会中，人类逐水、逐草而居，并无固定的住所，从严格的意义上来说，那时候的游牧氏族部落只是具有生活共同体性质的一种社会群体，并不是今天所说的社区。后来随着农业的兴起，从事农业生产的人口需要定居于某处，于是出现了村庄这样的社区形态。再后来，随着社会经济、政治、文化的不断发展，在广大的乡村社区之间出现了很多城镇社区。在工业革命后，人类社区进入了都市化的过程，不但城市社区的数量日益增多，而且其经济基础与结构功能都不同于以往的社区，其规模也日益壮大，很多大城市、大都会社区兴起。社区在类型上和规模上的发展，使社区的结构与功能都发生了种种变化。不管哪一类型的社区，其地域范围都具有比较确定的疆界。社区群体是地域群体，不同于一般的社会群体，一般的社会群体通常都不是以一定的地域为特征的。

　　20世纪30年代初，费孝通先生在翻译德国社会学家滕尼斯（Ferdinand Toennies）的一本著作《社区与社会》（*Community and Society*，1887）时，从英文单词"Community"翻译过来的，英文Community一词含有公社、团体、社会、公众、共同体、共同性等多种含义，后来被许多学者开始引用，并逐渐地流传下来。滕尼斯（Ferdinand Toennies）认为社区是指那些由具有共同价值取向的同质人口所组成的，居民之间关系密切，出入相友，守望相助，富有人情味的集合体。而中文"社区"一词是中国社会学者在20世纪30年代自英文意译而来，因与区域相联系，所以社区有了地域的含义，意在强调这种社会群体生活是建立在一定地理区域之内的，这一术语沿用至今。我国心理学家刘视湘从社区心理学的角度定义为："社区是某一地域里个体和群体的集合，其成员在生活上、心理上、文化上有一定的相互关联和共同认识"，是指有共同文化的居住于同一区域的人群，在具体指称某一人群的时候，其"共同文化"和"共同地域"两个基本属性有时会侧重于其中一点①。

1892年美国社会学家A.W.斯莫尔（Albion Small）在芝加哥大学建立了世界上第一个社会学系，并于1895年创立了美国第一个社会学刊物《美国社会学刊》（*American Journal of Sociology*，AJS）。社会学系创立后，斯莫尔先后聘用了文森特、W.I.托马斯（W.I.Thomas）、R.E.帕克（Robert Park）、E.W.伯吉斯（Ernest Burgess）等人，形成了该系强大的师资阵容。到20世纪20年代，在帕克（Robert Park）等人的努力下，该系日臻完善成为同期美国及世界上最成功的社会学系。20世纪初至30年代期间影响日益扩大，围绕芝加哥大学社会学系逐步形成了芝加哥社会学学派，而社区研究在美国早期社会学中占有极其重要的地位，美国的芝加哥学派以研究都市奢求而闻名于世。芝加哥学派的主要代表人物、城市社会学的奠基人R.E.帕克在20世纪20年代后成为芝加哥学派的掌门人，帕克关于社区本质特征的观点对社区的研究产生了相当大的影响，他认为社区的本质特征如下：第一，有一个地域组织起来的人口；第二，这里的人口或多或少扎根于它所占用的土地上；第三，这里的人口的各个分子生活于相互依存的关系之中。至此我们可以得出，形成社区至少要包含以下特征：有一定的地域区域，有一定数量的人口，居民之间有共同的意识和利益，并有着较亲密的社会交往。

世界卫生组织于1974年集合社区卫生护理界的专家，从适用于社区卫生作用的角度对社区（Community）进行了进一步定义："社区是指固定的地理区域范围内的社会群体，其成员有着共同的兴趣，彼此认识且相互来往，行使社会功能，创造社会规范，形成特有的价值体系和社会福利事业。每个成员均经由家庭、近邻、社区而融入更大的社区。"

1.2　社区的组成要素及基本特点

社区是若干社会群体或社会组织聚集在某一个领域里所形成的一个生活上相互关联的大集体，是社会有机体最基本的内容，是宏观社会的缩影，社区就是这样一个"聚居在一定地域范围内的人们所组成的社会生活共同体"。社会学家给社区下出的定义就有一百多种，尽管社会学家对社区下的定义各不相同，在构成社区的基本要素上的认识是基本一致的，普遍认为一个社区应该包括一定数量的人口、一定范围的地域、一定规模的设施、一定特征的文化、一定类型的组织。

（1）社区人员：社区是由人所组成的，不论何种类型的社区，因人员聚集与互动，

---

① 刘视湘.社区心理学［M］.北京：开明出版社，2013.

才能满足彼此的需求。但人数多少才能形成一个社区，并无定论。可以明确的是，社区太大、人数过多，将使彼此互动困难；而人数太少就一定不可能形成利益互惠与生活维持的团体。

（2）社区疆界：以地理的范围来界定社区的大小疆界是一般人最能接受的对社区的定义。但是，并非所有的社区都有明确的地理划分。如果疆界的区域不合适，将会对社区资料的收集造成一定的困难。

（3）社会互动：社区内居民由于生活所需彼此产生互动，特别是互赖与竞争关系。如社区居民的食、衣、住、行、育、乐皆需与他人共同完成，相关的经济、交通、娱乐等系统即因此而形成。社区经由不同的社会系统发挥功能，满足居民生活必需，并建立社区规范。

（4）社区认同：社区居民习惯以社区的名义与其他社区的居民沟通，并在自己的社区内互动。同时社区居民形成一种社区防卫系统，使居民产生明确"归属感"及"社区情结"。

社区的基本特点在于它有一群按地域组织起来的人群，这些人口程度不同地深深扎根在他们所生息的那块土地上；社区中的每一个人都生活在一种相互依赖的关系中。社区是城市的缩影，城市的问题也会在社区的现状中得到反映。因此，对于城市所存在的问题，应该存在于人与人、人与现实生存环境之间。没有一个人能脱离社会共同体而独立存在，不论人类发展到何种程度，自我独立意识如何高涨，对于人与人、个体与共同体之间相互依存的本能都不会有所消减，城市与社会问题的处理实际上更多的是对人类彼此间关系多样性的处理。"社区"成为判断城市独特性、舒适性、多样性和活力的关键因素，也是改善人类生活质量的重要着手点。而社区宜居性理论所涉及的范围，也已经扩展到社区公共生活的各个层面。前面我们已经提到，在西方经典社会学理论中，"社区"是与"社会"相对的概念，社区以地域范围内的价值认同和情感纽带为基础，而非以现代的契约关系为基础。"社区"（Community）一词源自拉丁文的Communis，这个拉丁词有"亲密无间的伴侣关系"等含义，这被认为是"社区"最重要的特质。社会学中的"社区"概念，来自德文的"Gemeinschaft"一词，过去通常翻译为"共同体"。但今天我们所提及的"城市社区"，已不再是滕尼斯最初基于古典类型学基础上所定义的理想型"社区"，而是介于这两者之间的一种建立在某一地域和价值认同基础上的社会单元，即滕尼斯所定义的连续系统中的某一中间状态①。目前在西方国家，城市社区基本也是基于这样的语境；在中国，随着时代的变迁及社会的多元发展，尤其在当今的社会经济转型时期，对社区的重视以及社区发展受到整个社会制度的制约，同时也契合着整个社会的进步。

---

① 赵民，赵蔚.社区发展规划—理论与实践［M］.北京：中国建筑工业出版社，2003.

1.3　可持续发展的概念与定义

社区是城乡社会最基本的单元，处于城市化进程中的社区集中反映了当前城市建设所面临的各种矛盾与挑战，社区的建设和发展是与城市的建设相联系的统一体。社区作为人们生产和生活的"共同体"和重要活动场所，是应对城市社会变迁和进步的载体，社区建设的内容涵盖了政治、经济和文化生活的方方面面，是解决城市发展中存在的各种生态、经济和社会问题，推动城市化健康运行的重要平台。近年来，城乡基础设施和社会文化设施建设实现了飞跃，城乡社区人居环境有了明显的改善，城乡面貌获得了根本性的改变。与此同时，我们也看到了城乡建设活动对城乡生态环境产生的不良影响及其破坏。社会生产力的发展，世界人口的大幅度增长，对自然资源的需求量越来越大。人们在开发利用自然资源时往往只考虑眼前利益，不顾自然生态条件，使自然资源不断地遭到破坏或趋于枯竭。城市规划和建设在无序扩张和盲目依赖技术的驱使下，煤炭和石油等化石燃料燃烧产生的碳排放对地球环境造成了严重的干扰，导致全球性的气候异常，人类的城市逐渐背离自然环境、气候条件，依赖私人汽车通勤的交通模式让人类付出了巨大的代价，同时也削弱了城市和社区居住环境的多样性和舒适性。

"可持续发展是人类对工业文明进程进行反思的结果，是人类为了克服一系列环境、经济和社会问题，特别是全球性的环境污染和广泛的生态破坏，以及它们之间关系失衡所作出的理性选择，经济发展、社会发展和环境保护是可持续发展的相互依赖、互为加强的组成部分"。1972年在瑞典斯德哥尔摩召开的联合国人类环境会议发表了人类环境宣言，明确提出"人类的定居和城市化工作必须加以规划，以避免对环境的不良影响，并为大家取得社会、经济和环境三方面的最大利益"。可持续的概念提出，最早出现于1980年国际自然保护同盟的《世界自然资源保护大纲》："必须研究自然的、社会的、生态的、经济的以及利用自然资源过程中的基本关系，以确保全球的可持续发展。"1981年，美国布朗（Lester R. Brown）出版《建设一个可持续发展的社会》，提出以控制人口增长、保护资源基础和开发再生能源来实现可持续发展。1987年，世界环境与发展委员会出版《我们共同的未来》报告，将可持续发展定义为："既能满足当代人的需要，又不对后代人满足其需要的能力构成危害的发展"，它系统阐述了可持续发展的思想。1992年6月，联合国在里约热内卢召开的"环境与发展大会"，通过了以可持续发展为核心的《里约环境与发展宣言》《21世纪议程》等文件。随后，中国政府编制了《中国21世纪人口、资源、环境与发展白皮书》，首次把可持续发展战略纳入我国经济和社会发展的长远规划。1997年的中共十五大把可持续发展战略确定为我国"现代化建设中必须实施"的战略。2002年中共十六大把"可持续发展能力不断增强"作为全面建设小康社会的目标之一，提出可持续发展是以保护自然资源环境为基础，以激励经济发展为条件，以改善和提高人类生活质量为目标的发展理论和战略。可持续发展是一种新的发展观、道德观和文明观。

1.4　可持续性社区规划

可持续发展的理论成功地在全世界范围内获得相应和普及，这是人类现代生态观的一次飞跃。可持续发展的最广泛定义为，实现全球生态系统可以承受人类的全部影响但不受到损害的目标的进程（Barton，1996）。1990年以后，环境运动盛行，并对城市和社区的法定规划体系产生越来越重要的影响。欧盟将《环境影响评价》和《环境声明》纳入建设项目开发控制，环境主义成为欧美规划体系的主流。其中，20世纪90年代前后依次提出的新城市主义和精明增长正是诞生在环境运动的大潮中，是城市和社区规划领域对于可持续发展理论的理论回应和实践运用。

2000年，美国规划协会联合60家公共团体组成了"美国精明增长联盟"（Smart Growth America），确定精明增长的核心内容是：用足城市存量空间，减少盲目扩张；加强对现有社区的重建，重新开发废弃、污染工业用地，以节约基础设施和公共服务成本；城市建设相对集中，空间紧凑，混合用地功能，鼓励乘坐公共交通工具和步行，保护开放空间和创造舒适的环境，通过鼓励、限制和保护措施，实现经济、环境和社会的协调。20世纪90年代，新城市主义提倡创造和重建丰富多样的、适于步行的、紧凑的、混合使用的社区，对建筑环境进行重新整合，形成完善的都市、城镇、乡村和邻里单元，传统邻里社区发展理论（Traditional Neighborhood Development，TND）和公共交通主导型开发理论（Transit-Oriented Development，TOD）是其两大组成理论。新城市主义重视宏观区域、中观街区和微观社区三层面的发展模式塑造，强调建成环境的宜居性以及对人类社会生活的支持性，尊重历史与自然，强调规划设计与自然、人文、历史环境的和谐性，提倡归回自然、建设健康的生活方式和以人为本的新社区。精明增长和新城市主义在研究视角和发展模式上形成了互补性，是可持续发展观念下提高社区可居住性的两大重要途径。据不完全统计，目前世界上已建立各式生态社区数千个，英国学者Barton通过对全球生态社区网（Globe Eco-village Network）统计的生态社区项目，按照社区的位置和规模等特征将其分为四大类：乡村生态社区（Rural Eco-village）、城市生态绿色社区（Urban Greenfield）、城市生态社区更新（Urban Renewal）和生态城镇（Ecological Town）。在北美，加拿大学者建立了有关可持续社区的理论和建设的网络，并成立了专门协会负责进行推广和促进活动。西雅图为建设可持续社区制定了一套发展指标，可以用来评价全世界的可持续发展的水平，并预测和监控城市的未来发展以及正在监控和加强的各项条款。美国环境保护署（EPA）开设了包括绿色社区的认定、示范以及培训等内容的绿色计划。

习近平在十九大报告中指出，加快生态文明体制改革，建设美丽中国。习近平说，人与自然是生命共同体，人类必须尊重自然、顺应自然、保护自然。习近平进一步指出，我们要建设的现代化是人与自然和谐共生的现代化，既要创造更多物质财富和精神财富以满足人民日益增长的美好生活需要，也要提供更多优质生态产品以满足人民日益增长的优美生态环境需要。必须坚持节约优先、保护优先、自然恢复为主的方针，形成节约资源和保护环境的空间格局、产业结构、生产方式、生活方式，还自然以宁静、和谐、美丽。围绕着人类共同体，寻求一条生态环境、经济、资源和人类相协调的发展道路，探索更加理想美好的人类社区规划和建设模式成为许多国家和国际组织的目标。2012年6月，由沙祖康大使担任秘书长的"联合国可持续发展大会"在里约召开，各国首脑在大会上正式通过《可持续发展目标》（SDGs）框架文件，并确定以"可持续发展目标"替代"千年发展目标"；2015年9月，包括中国国家主席习近平在内的联合国193个成员国代表在联合国发展峰会上一致通过《2030可持续发展议程》（SDGs可持续发展目标），习近平在峰会演讲时庄严承诺，中国将"以落实2015年后发展议程为己任，团结协作，推动全球发展事业不断向前"。《2030可持续发展议程》正式将"可持续城市与社区"列为第十一项重要目标。联合国副秘书长兼联合国环境署执行主任阿奇姆·施泰纳于2015年7月13日SUC全球发布会上提出："联合国环境署、佳粹环境2015年共同启动了'可持续城市与社区项目'（SUC项目），并依据联合国大会政府间开放工作组所提交的SDG第11条草案及环境署GIREC、ISO 37120等文件，编制完成《可持续城市与社区评价标准导则》（简称SUC导则）及'SUC管理体系'框架，分别于2015年7月、12月在北京及巴黎联合国气候大会上向全球发布。联合国人居署及中国有关部委、科研机构专家全面参与编制。2016年，SUC项目将率先在中国选择城市与社区作为试点，建设可持续发展'国际示范城市与社区'新型样板，并分步推广至亚太及全球发展中国家"，同年，"SUC可持续城市与社区发展论坛"在深圳国际低碳城隆重召开，论坛聚焦联合国《2030可持续发展议程》框架下中国可持续发展的国际示范项目——"SUC可持续城市与社区项目"，联合国前副秘书长、SUC项目名誉理事长沙祖康出席论坛并发表开幕演讲，联合国环境署、联合国人居署、C40、深圳市、国家发改委城市中心、中国国际经济交流中心、中外城市与企业代表、专家与媒体等百名中外嘉宾出席论坛。"SUC项目"是佳粹环境与联合国环境署联合推出的致力"可持续发展国际示范城市与社区"新型样板建设的全球示范项目，自2015年以来，联合国人居署、国家环保部环境发展中心、国家发改委国经中心、联合国可持续发展办公厅等数十个机构先后加入SUC项目作为战略合作与支持、协办机构。

社会生态系统理论（Society Ecosystems Theory）在社会学、社会工作学界内又往往被简称为生态系统理论（Ecosystems Theory），它是用以考察人类行为与社会环境交互关系的理论。该理论把人类成长生存于其中的社会环境（如家庭、机构、团体、社区等）看作是一种社会性的生态系统，强调生态环境（人的生存系统）对于分析和理解人类行为的重要性，注重人与环境间各系统的相互作用及其对人类行为的重大影响，是社会工作的重要基础理论之一。社会生态学理论还是系统理论的分支，它注重把人放在环境系统中加以考察，注意描述人的生态系统如何同人相互作用并影响人的行为，揭示了家庭、社会系统对于个人成长的重要影响。美国威斯康星怀特沃特大学社会工作系教授查尔斯·扎斯特罗（Charles H. Zastrow）博士，是现代社会生态理论最著名的代表性人物之一，他提出社会生态系统可分为三种基本类型：微观系统（Micro System）、中观系统（Mezzo System）、宏观系统（Macro System）。微观系统是指处在社会生态环境中的看似单个的个人。个人既是一种生物的社会系统类型，更是一种社会的、心理的社会系统类型。中观系统是指小规模的群体，包括家庭、职业群体或其他社会群体。宏观系统则是指比小规模群体更大一些的社会系统，包括文化、社区、机构和组织。人的生存环境的微观、中观、宏观系统总是处于相互影响和相互作用的情境中。现代社会生态系统理论为可持续发展的社区规划提供了新的思维方式和研究方法，即把世界看作是有机统一的整体，是一个"经济—社会—自然"复合生态系统，从追求实现单个人类社区的"小我"和谐，转向"地球村"社区的"大我"和谐发展。可持续社区规划的基础是构建社会—社会—自然的复合生态系统，通过基于生态社会系统原则的资料搜集和分析，考察社区及其社会生态系统未来发展的适宜性，选择最佳的发展路径，通过公众参与方法达到社区满意并付诸实施。可持续发展的社会规划将重塑城市规划价值取向的公众本位，使社区规划真正成为：一项持之以恒的社区教育计划，一场轰轰烈烈的社区参与运动，一把通向社区美好未来的钥匙。

1.5　可持续发展社区的维度

根据对全球生态社区网（http://nextgen.ecovillage.org/）的资料分析，笔者通过对生态社区的模型建构（涉及社会、经济、生态、世界视角等方面，见图1-1）归纳整理出可持续发展社区的五个维度：社会可持续性（Social Sustainability）、文化可持续性（Cultural Sustainability）、生态可持续性（Ecological Sustainability）、经济可持续性（Economic Sustainability）及整体系统设计（Whole System Design）[①]。

图1-1　根据全球生态社区网资料整理绘制

① 来源于全球生态社区网（http://nextgen.ecovillage.org/）的资料分析。

（1）社会可持续性
（Social Sustainability）

　　社会可持续性旨在积极工作以建立人与人之间的信任、协作和开放，并确保他们感到被赋予权力、被关注和被倾听。可持续社区通常通过社区关系、共同项目、共同目标来提供归属感和社会进程，但并不要求每个人都是相同的——团结和力量通过多样性的表达产生重要的可持续社区运动。

- ・接受多样性并建立社区
- ・培养包容性，反应灵敏和透明的决策
- ・增强参与性领导和治理能力
- ・确保平等获得整体教育和医疗保健
- ・实践冲突促进，沟通和建设和平的技能
- ・建立公平、有效和负责任的机构

（2）文化可持续性
（Cultural Sustainability）

　　文化可持续性旨在建立或再生多样化的文化，以支持人们互相赋权并相互关心、维护自己的社区和地球。更多人积极参与实践，鼓励人们感受彼此，感受地球与自我存在的深刻联系。庆典、艺术、舞蹈和其他形式的创造性表达通常被视为繁荣的人类生活和社区的核心。大多数可持续社区都能找到自己的方式来谈论、联系、尊重和支持生命以及维持生命的系统。

- ・与生活中更高的目标联系起来
- ・培养正念和个人成长
- ・尊重支持人类尊严的文化传统
- ・积极参与保护社区和自然
- ・通过艺术庆祝生活和多样性
- ・回归自然，拥抱低影响的生活方式

（3）生态可持续性
（Ecological Sustainability）

　　生态可持续性旨在以尊重自然循环的方式获取食物、住所、水和能源。其目标是通过增加生物多样性和更新生态系统的方式使人类与自然界融合，并使人们有机会以直接和日常的方式体验与系统和生命周期的相互依存性。

- ・清洁和补充水的来源和循环
- ・转向100%可再生能源

· 通过有机农业种植食物和土壤
· 创新和推广绿色建筑技术
· 将废物视为宝贵资源
· 增加生物多样性和再生生态系统

（4）经济可持续性
（ Economic Sustainability ）

经济可持续性旨在建立有助于共享资源、相互支持以及强大的地方经济和网络的经济实践和体系，以满足当地人民和生态系统的需求。大多数可持续社区都在积极努力，为主流经济和货币体系提供可持续的替代方案，并重新思考包括生活各个方面的财富和进步。当地货币、共享、社会企业家精神，循环经济和合作所有制形式成为许多可持续发展社区的核心。

· 重构财富、工作和进步的概念
· 努力实现土地和资源的公平所有权
· 培养社会企业家精神以创造可持续的解决方案
· 赋权和加强地方经济
· 投资公平贸易和道德交易制度
· 通过经济公正为所有人创造福祉

（5）整体系统设计
（ Whole System Design ）

整体系统设计的一些原则适用于可持续发展的各个方面，并有助于将它们结合在弹性的社区和系统的整体设计中。在GEN（绿色地球网络）中，设计和可持续性的整体系统方法与对协作和参与的强烈关注相结合。这意味着整体系统设计的原则将以切实的方式被付诸实践，包括每个相关人员并鼓励各级操作的透明性。

· 在各个领域找到优势、劣势和杠杆点
· 让所有利益相关者参与未来的设计
· 为每种解决方案确定合适的规模
· 尊重传统智慧，鼓励积极创新
· 向自然学习并实践整体系统的思维
· 建立相互支持的网络

2.1　公共艺术介入社区

　　美国城市规划学家沙里宁说："城市是一本打开的书，从中可以看到它的抱负……让我看看你的城市，我就能说出这个城市居民在文化上追求的是什么……"公共艺术从诞生那一天起就与大众社会保持着紧密而融洽的关系，公共艺术成为人们认识一座城市的启蒙点，它以美学、哲学、历史、艺术等观念为指导，结合城市的具体特色艺术地呈现人类的生活状态，引导人们从各种角度，包括自然、科学、环境、人文、生态、技术等，研究人与环境、人与空间的关系，敬畏自然、善待环境。社区改造是城市化过程中必不可少的环节，近年来，大量的艺术家、设计师开始走进社区、村镇，用艺术的语言和方式介入公共话题，拉近了公众与艺术之间的距离。良好的社区改造、更新计划对完善城市功能，提升城市文化品位，提升居民生活质量都有重要影响。公共艺术介入社区营造的方式不仅起到了美化环境的作用，还在提升社区居民的审美水平、文化生活、振兴经济、强调地域特色等方面起到了积极的影响。

　　随着全球文化多样性和新旧社区的持续发展，公共艺术承担着捕捉社区独特动态和能量的作用。艺术家在表达社区文化、传统文化与现代文化的同时，和社区共同改善人们的生活环境。从某种意义上说，作为社会一分子的艺术家不再仅仅是一种职业的专门家，而需要超越其自身专业知识领域及所在阶层利益的局限，成为可以在公共领域为社会担当一定职责和道义的公共知识分子。公共艺术的发展有效地引发了创新协作，围绕大众与民生等不同的社会议题进行了综合思考与探索实践。

2.2 新类型公共艺术的提出

　　广义的公共艺术的形式，包括一切时间和空间的艺术。凡是能够有效运用的艺术手段，表达公共艺术的题材的艺术形式都可以作为公共艺术的形式。例如：建筑、雕塑、绘画、书法、摄影、海报、广告、灯光、景观小品、水体、园林绿化、城市设施、城市构筑物；音乐、戏剧、行为艺术；大地艺术、光电艺术、新媒体艺术、装置艺术，等等。狭义的公共艺术较集中的指造型艺术中的城市雕塑、景观艺术等形式。现代公共艺术的意义在于其创作上的三个主要特征——创作中的公众参与，作品在公共场合中的展示，作品的创作得到了公众在精神、物质以及其他方面的支持。其中，公众的参与无疑是公共艺术最为主要的特征，它揭示了这类艺术和其他艺术样式本质上的差别。强调公众的广泛参与和互动，强调对公众广泛关心的社会问题的关注，强调实施的过程性，强调与社区的联系以及强调环境的针对性等是公共艺术的突出特征。城市景观中的公共艺术，是城市景观中不可或缺的节点，是具有后现代主义艺术性格的多元化景观空间建构艺术，不仅包含空间中物的建构，也包含空间中文化的建构。公共艺术增加了城市的精神财富，在积极的意义上表达了特定城市或地区的身份特征与文化价值观。公共艺术将艺术特性介入城市景观空间，激发和引导参与其中的人们的意识和行为。

　　公共艺术的发展首先经历了传统公共艺术的阶段，将艺术品置于美术馆和博物馆之外的公共空间中（多为城市广场和观光街区等处），可称为"街区艺术"。接着公共艺术进入了第二个阶段，该阶段被称为新类型公共艺术（New Genre Public Art，NGPA）。在这个阶段中，公共艺术的设置空间由城市街区转移到社区，创作主体由艺术家转为社区居民，因此也被称为"社区艺术"（Community Art）。社区，作为一种以地缘关怀、生活互助和内部自治为基本特点的社会区域是城市生活、生产、消费关系及其制度文化的历史过程中形成的产物。英国社会学家安东尼·吉登斯认为，全球化进程的推进使得"以社区为中心"不仅成为可能，而且变得非常必要；社区不仅意味着重新找回已经失去的地方团结形式，它还是一种促进街道、城镇和更大范围的地方区域的社会和物质复苏的可行办法。而民众参与、重视在地性、根植于社区，正是新型公共艺术的显著标志，这样的艺术与社区建设有逐渐融合的趋势，其最终目的是内化民众的欣赏品位，创造出优雅的社区生活环境。

　　美国艺术家苏珊·雷西（Suzanne Lacy）是新类型公共艺术一词的首创者，她在《量绘形貌：新类型公共艺术》（英文原版1997年，中国台湾译本2004年）一书中提出[①]：

---

① 苏珊·雷西著，吴玛悧译. 量绘形貌：新类型公共艺术［M］. 台北：远流，2004：28-39.

不同于多数被称为公共艺术的作品，新类型公共艺术使用传统及非传统媒介的视觉艺术，且与公众互动，讨论直接与他们生命有关的议题……新类型公共艺术历史的建构不是在做材料、空间或艺术媒介的类型研究，而是以观众、关系、沟通和政治意图等想法为主……

图2-1　新类型公共艺术（NGPA）内涵

新类型公共艺术在形式上的意义是以一种远去的姿态面对艺术资本化，某种程度是不在乎形式上的视觉美学，它用美学的"消失"隐匿精英式精致艺术的超前、不在乎，以此进行它对艺术的反思与"破坏"，并回到人本身的互动与交流，关心环境与生态自然，关注社群与公共。对照Material的艺术作品，新类型公共艺术的艺术内涵表现是Non-material的（图2-1），若以媒材的差异来辨识这种新型态的艺术作品，艺术家经手创作出来的作品材料就是那整块复杂的真实社会，如同波伊斯（Jeph Beuy）激进介入社会提出社会雕塑（Plastische），重点不再是关乎造型的问题或者物件的形式组合，而是将所处的地方、自然环境、人际关系等地理环境、社会关系的层面纳入形塑范围，它在乎的是观念的实践与扩散，是总体精神实践之下的艺术实践。

2.3　社区新类型公共艺术的发展

社区是当代城市的重要组成部分，最早提出社区概念的德国社会学家滕尼斯（Ferdinand Toennies）认为社区是指那些由具有共同价值取向的同质人口所组成的，居民之间关系密切，出入相友，守望相助，富有人情味的集合体。而在近代的城市化、现代化建设中，社区在构成和形态上已经发生了较大的改变。由于人的异质性、高流动性，令社区居民变成被动、疏离的大众，人际关系淡漠、凝聚力减弱，即使同住一社区，邻里也难以有共同的话题及交流，居民对社区公共生活缺乏责任感、投入感、归属感。如何重建社区文化，凝聚社区心理，改善社区居住环境来构建和谐人居成为当代社区文化建设的重要内容。

吴良镛先生在论述人居环境科学发展中提出：大艺术也是人居环境科学发展的必然方向。众所周知艺术与生活息息相关……人居环境的多重要素与人类精神物质的需求密切相关，特别是物质要素都是"有体有形"的，它形成多种多样的空间环境，虚实相生的空间，它是中国传统哲学思想、文化、艺术、建筑、园林自然的审美显现，它是"大艺术"……中国的城市社区建设和城市化建设一样，都需要在物质文明和精神文明方面得到全面的提升。社区的精神文明程度主要体现在精神文化生活方面，这是构成其整体品格和印象的重要组成部分。

从城市空间到社区空间　公共艺术走入生活

在较长的一段时间内，公共艺术以城市雕塑的形态大量地出现在城市空间和建筑之间，在提高空间品质，提升市民及游客对于城市空间的参与度，建立城市的地标形象等方面作出了很多的贡献。近几年，公共艺术开始从社区营造的方面介入城市规划，在城市总体规划的过程中，重点已经转移到社区层面上，邀请规划师、建筑师、艺术家、学者、居民和市场力量共同参与，使得公共空间呈现的方式更多元，内涵更丰富。在上海近期发布的2040城市总体规划中，社区规划和社区营造已经成为其中非常重要的组成部分。在社区营造的过程中，每个单元细胞的规划以及空间的营造和每个老百姓对城市的体验都休戚相关，放到社区的层面上去看，很多工作是和公共艺术密切相关的。社区规划、社区营造，从规划层面去看，更多是从物质空间上着手，而从社区层面去看，则是由各方面因素共同组合而成的。公共艺术为居民提供一个可以自由发表意见、积极参与社区公共事务的平台，并由此唤起居民的自豪感和自信心，唤起他们对美好生活的追求。新类型公共艺术的选题内容是和社区居民与公众关注相关的，公共艺术的创作过程都是在社区中开展并在社区中展示，整个过程都离不开社区的参与。艺术来源于生活，现如今公共艺术以积极的方式回归生活，居民不再是艺术活动的旁观者和被表现的对象了，而是创作的主角之一，成为艺术活动的一部分。当代国际间典型的公共艺术的交流语言及运作方式，往往都体现了艺术与大众的生活问题、地方的观念性问题的密切关系，并体现了这些艺术在揭示、回应或试图解决某些社会问题时采用的形式语言的适切性与独特性。

曹杨新村公共艺术项目策划人、上海大学上海美术学院汪大伟教授认为：公共艺术是具有包容性、创新性、探索性的艺术。从形式上来说，呈现出多元的面貌；从内容上来说，它关注的是中国当下正在发生的社会问题，如环境问题、城市化问题等。艺术家始终在思考，在当前多元文化背景下，中国当代艺术如何摆脱西方的束缚而走自己的发展道路，建立自己的艺术价值观和评价体系，与西方进行真正意义上的平等对话，以为大众服务为目标，尝试把艺术从个人表现为目的转变为关注社会和民生的艺术创作方法。

从社区参与到社区营造　公共艺术介入地方重塑

社区参与（Community Participation）的概念源自公众参与（Public Participation），指行政部门以外的公众或组织团体依法参加到社会公共事务中，获取信息、参与决策、表达意见、与行政主体双向沟通、相互影响、共同作出涉及自身或公共利益的决策的一系列活动机制。但两者在参与主体的范围界定上又有所不同，社区参与主体不是包含社会精英、专家学者、政府官员、利益集团和民意代表等在内宽泛的"公众"，而是指社区中的非精英居民参与社区事务的权利，此处特别强调这些参与主体是并不具有任何的官方职位、财富、特殊咨询或其他正式权利的普通业余者（Common Amateurs）。改革开放以来，我国城市化快速发展，与此同时，粗放的扩张式城市建设逐步转向存量式、精细化的发展模式。该存量发展背景下，城市更新发展成为热门话题。此时，社区经过上一轮城市建设以及长期使用出现了空间单调、机能衰退、特色缺失、活力不足等问题。部分社区不仅建设样式与城市整体风貌格格不入，而且无法满足现阶段人们的生活和人文诉求，城市老旧社区更新问题十分紧迫。新类型公共艺术作为新鲜的艺术介入力量，能够在激活社区空间活力、吸引人们户外活动的同时，还可以提升社区空间品质与特色。新类型公共艺术介入社区营造的过程中，公共艺术的参与机制对社区产生了重要的影响，即通过公共艺术引导人们的参与，一方面提升物质层面水准，另一方面通过软环境、社区的居民及外来因素的加入，增强居民的归属感，进而加深对社区认同感的营造。以公共艺术来对接社会和服务社会，将公共艺术视为"用艺术的语言、方式参与和解决公共问题"的运作机制。同时，提出"地方重塑"的概念，形成以公共艺术进行社区再造，进而重塑地方文化生态的一种有效"成长"机制，最终"带给地方可持续发展的内在动力，使重塑转向自我生长，从而获得长效的复兴之路"。

2011年，上海公共艺术协同创新中心（Public Art Coordination Center，PACC）正式成立。PACC将"地方重塑"视作公共艺术的永恒主题和价值所在，试图在地方的物理场所空间、文化行为空间和社会组织空间中发现问题，通过改造来生成地方自我成长的动力。正如一些深入社区特殊性问题探究和实践的公共艺术的语言，超越了追求视觉张力及其纯粹美学的效应，而是以"微叙事"或"媒介剂""触发器"的艺术语言和运作方式，参与到当地问题的意识性演绎和公共舆论的讨论之中，往往起到"润物细无声"或"无声胜有声"的作用。新类型公共艺术的理论和实践重视艺术与人群的互动关系，且因改变传统公共艺术的栖身空间而产生一系列变化，接受者由走过路过的行人变成居家在地的业主，促成社区艺术在空间特质、操作模式及社会效果的改变。

从城市到农村　公共艺术介入乡村振兴

随着城市化进程的不断推进，乡村的衰败与褪色日益加深，如何解决乡村问题，找寻一条乡村振兴的可行道路，是当前亟需探讨的问题。面对我国2020年全面建成小康社会的目标，党的十九大报告最新提出了要坚定实施的七大战略，其中包括"乡村振兴战略"。该战略明确了"三农"问题是关系国计民生的根本性问题，同时也重点强调了"产业兴旺、生态宜居、乡风文明、治理有效、生活富裕"的总要求。这是我国社会主义新农村建设的一次重大发展，将有助于实现我国农业农村的现代化。中国特色社会主义进入了新时代，城乡融合发展呈现出多元化的实现方式。改革开放四十年来，快速城镇化带来巨大社会变革，也提出公共文化服务建设新命题。政府主导公共文化服务建设方向，提出"美丽乡村""美丽中国"，以及以人为本的新型城镇化建设方向，满足人民群众不断增长的公共文化需求。

社会发展需要共有的历史记忆、情感维系、文化寄托和生活载体，从本土的文化现实出发来传承、建构和发展公共艺术价值观，以政策推动和审美创造来解决乡村发展的社会问题具有现实意义。乡村自然传承的生产之美、生活之美和村落之美，为公共艺术在地性发展提供重要资源和发展空间。乡村有大美，中国乡村是文化的故土，应构建顺应时代发展的传承与创新文化的整合机制。乡村振兴的内涵既包括物质上的富裕，更包括精神上的富足。推进公共艺术介入乡村建设，助推乡村振兴，构建植根中国语境的公共艺术生态体系，发挥其精神提升与文化引领的作用，突出民生主体，健全"政府主导、艺术介入、社会协作、村民受益"的乡村公共艺术发展思路。作为乡村文脉积淀与传承的重要载体，公共艺术在保存传统文化的同时，也激活传统文化的生命力，强调地域特色和多元融和，成为推动乡村振兴的积极因子。

从艺术到生态　公共艺术走向可持续发展

2008年"北回归线环境艺术行动"的海区蚵贝地景艺术论坛，以对话作为切入环境的路径，模糊了视觉性与非视觉性的界线，将艺术的公共性指向了民众生活中的日常和未来性。透过跨领域的对话、滚动式综合治理策略、阶段性行动方案，对话得以不断滋生出相应的行动和新的对话，来回应变动的环境。论坛期间进行了当地的生态导览和基地考察，包括产业参访、与社区居民对话论坛工作坊上提出了数个作品方案，虽然最终并未获得任何政府部门的支持与执行，但有趣的是，论坛的结果却以另一种方式在地方上深化发展。它标记了艺术的定义和功用在此有了进一步的转化，从一种被急切地想要用来解决眼前问题的短期速成手段，过渡为一种幽微却持续深化的长期发酵。这当中，生态复育和气候变迁是核心价值的概念，艺术则被赋予行动的媒介这一角色，"借由多元参与式行动计划的介入，集体拼贴与共创湿地复育地景"[①]。

作为社会公共活动之一的公共艺术，在生态危机日益频繁之时，被赋予了缓解生态压力，甚至解决生态问题的价值。公共艺术创作者除了要承担保护生态环境的任务，还要承继文化艺术的发展，由此形成公共艺术的生态发展及其社会审美特性。因此，在当代公共艺术实践活动中，自然、平衡、和谐的发展与城市文化以及艺术品质相统一是公共艺术的可持续发展趋势。公共艺术以人类活动、自然生态环境为对象，公众参与为主要方式，引导人与环境实现其本质意义。随着社会、科技、经济的发展，社

---

① 笔者根据以下资料整理：周灵芝.对话作为一种公共艺术：以文化多样性复育生物多样性的环境艺术行动［J］.公共艺术，2018（2）.周灵芝.对话之后：一个生态艺术行动的探索［M］.台北：南方家园出版社，2017：34.

会对当代公共艺术的需求有了新的转向：不再是追求艺术创作的自由主体性，而是要求零排放、融入环境，并与环境、人产生良性互动，从而实现艺术与社会发展的共赢。可持续发展的公共艺术是在大自然系统中不同生态特征、生态现象，能呈现出具有艺术内涵与实际涵义的形体或现象，具备环境、艺术、公共、生态等复合构成要素（图2-2）。

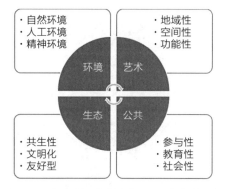

图2-2　新类型公共艺术（NGPA）构成要素

第 **2** 部分

社区新类型
公共艺术

第 **3** 章　社区新类型公共艺术的研究发展

3.1　从街区艺术转向社区艺术

街区公共艺术的兴起

　　学术界普遍认为，当代公共艺术始于20世纪30年代美国罗斯福总统的艺术新政《公共工程艺术计划》（Public Works of Art Project），从社会发展规律和文化谱系上看，公共艺术这种有益于社会底层大众的新艺术类型，应该是发端于大众文化权力获得保障的西方民主社会条件下。在经济大萧条的背景下罗斯福推行通过为艺术家们提供在城市建筑、设施、街道、广场等公共场所制作壁画与雕塑的工作机会来拉动经济发展的政策。这项公共设施的艺术项目一方面为艺术家提供就业机会体现了政府对艺术工作者的支持与帮助，另一方面推动了艺术向城市建筑和公共空间的介入和融合，成为当代公共艺术的开端。于是，公共艺术（Public Art）概念于20世纪60年代在美国最先出现，后来，它逐步被欧美等发达国家接受，成为一个通行的艺术概念。美国是世界上第一个对公共艺术立法的国家，最早可追溯到1959年费城推行《百分比艺术》（Percent for Art）政策，标志着公共艺术法案的出台。百分比艺术法的基本内容是：从中央政府到各级地方政府，规定在公共工程建设总费用中提出若干百分比作为艺术基金，这部分基金仅用于公共艺术品创作及建设，旨在用艺术来改善环境，促进再生城市建设的发展。20世纪60年代，欧美发达国家已经开始重视城市公共艺术，并且制订了相关法律、成立了相应的基金会。公共艺术成为城市旅游开发、经济发展的助推器，而艺术家也通过公共艺术项目，使作品走向街区公共空间，有机会面向更广泛的公众。

公共艺术相关立法体系的完善

走向日益宽广的公共空间的公共艺术项目，其实施过程极为复杂，体积、范围和目标大，制作成本高，也牵涉了公共安全、城市区块规划和发展等问题。公共艺术项目的进一步推动无法仅依靠艺术机构或是个人的力量来保障。以美国公共艺术法的沿革为例，在罗斯福新政的《公共工程艺术计划》（Public Works of Art Project）之后，到费城首次推行《百分比艺术》政策带动了1967年旧金山的《百分比法》，最终20世纪中后期美国各州的百分比艺术法基本确立。20世纪80年代，美国政府又将公共艺术引入到区划法中，在当地城市规划建设的同时也大力地推广公共艺术。21世纪初，鼓励性区划法已经成为推动美国城市公共艺术规划及发展的主要制度。近年来，在激励性区划法中引入"自由裁量权"（Discretionary Power），确立了公共艺术评审（Public Art Review）和公共艺术指引（Public Art Guideline）的规定，旨在明确公共艺术元素和形式、公共艺术的实施条件、民众参与形式、公共艺术家委员会的权利和义务等，进一步推进公共艺术的制度发展。

3.2 新类型公共艺术的发生

在本书的第一部分我们提到：公共艺术经历了两个发展阶段，第一个阶段是传统公共艺术。将艺术品置于美术馆和博物馆之外的公共空间中（多为城市广场和观光街区等处），可称为"街区艺术"；第二个阶段被称为新类型公共艺术（New Genre Public Art）。在这个阶段中，公共艺术的设置空间由城市街区转移到社区，创作主体由艺术家转为社区居民，因此也被称为"社区艺术"（Community Art）。"新类型"这个词语在20世纪60年代末就被用来描述那些使用有别于传统媒介范畴的艺术，它们不一定是绘画、雕塑或录影，新类型艺术也包括不同媒介的结合。例如装置、表演、观念艺术和多媒体的艺术，就落入新类型艺术的范围里，意指那些在形式上和内容上具有实验性的做法。为了挑战极限问题，新类型公共艺术家们从前卫形式里获得启发，进而发展出更为深入的针对公众有效的社会策略。台湾地区的研究者认为新类型公共艺术最早出现在20世纪70年代的美国，是一种以公共议题为导向，以公共利益为出发点，以社群为基础所进行的艺术实践。他们指出新类型公共艺术的突出特点是：用"社区公众"代替"艺术家私我"，以"公共空间营造"取代"艺术品创作"，公众通过参与营造的过程分享创作快感。公共艺术是一个不稳定且持续发展的概念，它在各历史时期表现出来的形态都是与时代与社会互动的结果，从街区公共艺术到社区公共艺术的空间位移，说明当代社会对公共艺术的需求也在不断变化当中。

新类型公共艺术介入社区后，处理的是特定的关联范围很广的社会问题，需要协调多个合作主体，执行过程的复杂程度较高，通常不是凭一己之力可以完成的。因此，社区公共艺术要求的专业人员，并不限定于传统意义上的雕塑家、画家、设计家或其他什么家，而是能够通过艺术方式解决社区问题、推动社区进步的各类社会实践者。值得注意的是，公共艺术介入社区应该是循序渐进的轻微介入而非专业入侵，这就要求公共艺术从业者不要在社区居民面前以专家自居，而是要学着去做一个新邻居和好邻居，艺术家和社区实践者要学会充当陪伴者和聆听者。新类型公共艺术的出现，为我们展现了未来公共艺术发展的新视野，让我们看到公共艺术的进程与人类文明的整体进步趋势是那样一致，都是将民生和民主视为最重要的实现目标，创新观念则是当代艺术最重要的品质，而塑造社会观念就是塑造艺术。新类型公共艺术是一种创新生活观念的社会运动，它刚刚开始，会成长壮大，因为社会需要这样的艺术，民众需要这样的艺术。

　　公共艺术不能治疗、复原或合理化我们的乡愁，但却可以提供新的社区概念，让我们片段的个人经验与史诗规模的都市剧码共襄盛举，创造一个当代的公共艺术概念……重点不在制造一些供人瞻仰的东西，而是在制造一个机会，让观者用翻新的角度与清晰的视野，回头再看这个世界①。

——美国艺评家派翠西亚·菲力浦丝（Patrcia C. Philips）

　　在西方，新类型公共艺术常伴随着多种艺术概念和实践方式，比如社区艺术（Community Art）、对话式艺术（Dialogic Art）、参与式艺术（Engaged Art）、社区介入艺术（Social Engagement Art）等。我们可以纲要式梳理一下国内外学者的相关研究脉络，从中可得出新类型公共艺术的内涵及特点。中国台湾学者吕佩怡指出新类型公共艺术最早出现在20世纪70年代的美国，是一种以公共议题为导向，以公共利益为出发点，以社群为基础所进行的艺术实践。美国的 IPA 研究员、《公共艺术评论》编辑杰西卡·菲亚拉（Jessica Fiala）和梅根·古博尔（Megan Guerber）从公共艺术的多样性和相关性的角度进行了研究：多样性是指在情景中呈现出的多种形态，比如不同的地理特性、媒体、语言等；相关性则需要创新，需要和更多的人进行沟通与对话，需要对历史及相关的情景做出反应。研究公共艺术的关键在于必须要去了解项目对当地社区是否有意义，社区是否因此受益，是否能够让人们走到一起，相互联系与分享。

　　英国的戴安·戴弗（Diane Dave）、法国的伊芙·莱米斯尔（Eve Lemesle）等从公共艺术地方重塑的角度进行了研究，认为可以创造一个环境，人们可以有情感、有情怀地接触他们建造的一切，新型公共艺术项目是希望能够推动商业的发展，提高公共的审美意识和环境意识，同时也可以降低社区之间的差距，避免孤立感，将不同街区的人联系到一起，创造一个共同分享和体验的空间。地方重塑的概念是艺术家们用一种非常创新的方式去创作公共艺术，并且对社区产生永恒的影响。巴西的加百利·瑞贝罗（Gabriela Ribeiro）从

---

① 曾旭正. 打造美乐地：社区公共艺术 [M]. 台湾文建会，2005：13.

艺术的地方转型角度说明了其研究方法：第一个是概念，即社会、历史、文化方面的概念；第二个是互动性，即与空间的互动性；第三个是审美的质量；第四个是公众的多元性和接受度。

意大利的茱茜·乔克拉（Giusy Checola）和乌克兰的莱西亚·普洛科朋科（Lesya Prokopenko）通过新型公共艺术对社区的介入，展示在全球化的发展过程中艺术和社区的关系，展现艺术所能够传递的社会价值；并建立模型去研究政治、经济和社会，建立文化、审美、生态线索，其认为在社区的空间里，艺术作品应展示出和情景相适应的地方，要注意如何将多种线索有机结合，以创造更和谐的发展。而南非的韦·圭尼亚（Siphiwe Ngwenya）则研究了在非精英社区中公共艺术的重要性，他认为在这类社区中的居民可能对于艺术欣赏水平有限，所以要找到能揭示社会创伤的公共艺术，并且在创作的过程中能够治愈这些创伤，这就是公共艺术所起到的重要作用。

日本的北泽润（Jun Kitazawa）和沙特阿拉伯的纳赫拉·阿尔·塔瓦（Nahla Al Tabbaa）从社会参与的角度总结了新型公共艺术案例的特点就是有当地民众和社区的参与，这是一种社会生活和想象空间，艺术要和社区的民众集合起来，共同为研究作贡献。英国的策展人萨拉·布莱克（Sara Black）和美国的艺术家叶蕾蕾则从社区公共艺术实践的角度将艺术家从单纯的艺术造型创作中脱离出来，致力于让民众积极、直接地参与社区公共事务，直接作用于人的生存环境和生活方式，吸引居民的关注、参与，培育出良好的社会文化精神和行为方式。

新类型公共艺术一词的提出者美国艺术家苏珊·雷西（Suzanne Lacy）还在《量绘形貌：新类型公共艺术》一书中提到艺术家对于公共艺术新形式的兴趣还来自于越来越恶化的健康和生态危机，环境危机是许多不同媒材艺术表现的主题。另一位艺术家麦肯·迈尔斯（Malcolm Miles）在《艺术、空间、城市：公共艺术与城市的远景》中提出公共艺术的两种形式：一种是服从使用者需求的城市装饰性表现；另一种是将艺术作为持续参与社会发展进程的社会批判工具。麦肯·迈尔斯（Malcolm Miles）所论前者是街区公共艺术的显著特征，后者即为新类型公共艺术即社区公共艺术的特点。

正如苏珊·雷西（Suzanne Lacy）所说：

新类型公共艺术以观众为前提，观众在创作过程中占有很重要的地位，重新界定艺术家、观赏者以及艺术作品三方面的关系。艺术家制作作品，以观众参与为焦点，抛开了艺术家的权威地位，也远离了20世纪西方艺术的主流观众，它重新把文化与社会结合起来，承认艺术是为了观众而创造，而不是为了艺术体制[1]。

---

① 苏珊·雷西.量绘形貌：新类型公共艺术［M］.吴玛悧，等译.台北：远流出版事业公司，2004：68.

第 4 章　社区新类型公共艺术的营造实践

回顾中国近年来的新类型公共艺术在各类社区中的不同介入，我们大致将这些公共艺术实践项目进行了归类，总结如下：

趋于生活化及应用性的新建社区公共艺术微介入

此类型的社区艺术的介入契机，在于房地产项目的规划与实施，它们中有些较为注重艺术与社区居民的日常生活、交流空间、基础设施及其整体文化环境的建设，把社区功能和审美文化功能相结合，如广州市白云区"时代玫瑰园"住宅社区的构成，它是凭借当代房地产业的发展而新建的居民生活社区。

结合政府政策与行为的社区公共艺术微介入

结合政府的政策和行为，艺术对于社区的介入是一种重要的契机，可以享有政府的政策和专项资金，并得到公共媒体的支持与传播等，如北京市金鱼池社区的公共艺术，在社区基本建设的三次改造和居民回迁的过程中，实现了艺术与环境设计的某种介入。

与文创产业园区结合的社区公共艺术微介入

利用城市文化产业园区及其周边改造而介入的艺术与景观设计的社区，往往享有整体性的资源效应，可以更多地赢得社会、企业及社区周边相关资源的融入，如北京、上海、武汉、成都、广州、南京等城市的某些社区因而获得了某种整体性和互动性的效果；再如，我国台湾科技事务主管部门南部科学园区的公共艺术项目获得了文化事务主管部门的卓越奖，该项目开始于2003年，目标是要把公共艺术变成园区内每个人生活的一部分，让人们在生活中寻找趣味，在科技中创造惊喜，项目同时也邀请园区厂商参与。通过对变电箱、公共厕所、水塔进行创意性的艺术创作，使公共艺术全区化；此外，将网球场的地面变成公共艺术作品，让人们可以在艺术作品上活动，还举办了快闪、暮春艺术季等公共文化活动，使公共艺术能够深入园区的生活。

艺术实验项目带动下的社区公共艺术微介入

由于当代公共艺术的教学与社会实践的需要，以专项艺术的实验方式介入社区，也是一种新型的方式，有助于针对性、场所性的艺术介入的实践。如上海大学上海美术学院对于上海"曹杨一村"老旧工人居民社区的艺术介入的案例，是拓展都市美院的办学内涵而进行教学实践转型的一次尝试，探讨的是如何将课程教学管理模式转化为课题项目管理模式，以公共艺术为平台，使师生打破既定的艺术创作模式，走入社会，关怀民生，并担负起社会责任。

短期性及节日性的社区公共艺术微介入模式

短期性或节日性的公共艺术对于社区的介入，在艺术的形式、内涵及其文化的诉求方面，往往具有更为明显的多样性、即时性的社会传播效应。其短时性或节日性的艺术介入，为社区人的现实生活经验、意见交流及行为的互动创造了更多的可能性。如广东汕头大学长江艺术与设计学院创立的校园社区的公共艺术节，学校也是作为学习、生活和育人的社区类型之一。汕头大学在校园内结合其校园社区的特点，至今举办了多届校园公共艺术节暨短期性的公共艺术观摩和文化交流活动，其资金主要来源于学校的教学实习资金和社会的募捐。

在本章部分，将根据地域分布，同时以时间为线索，具体从核心问题、引发机制、社群主题、操作模式、空间效应等五个方面对新类型公共艺术介入中国国内不同类型社区的案例进行重点梳理，探寻其中的规律，为如何建构新类型公共艺术介入社区的模式进行研究积累。

北　京

4.1　大栅栏更新计划（2011~2016）

作为城市更新策略的公共艺术获第三届国际公共艺术奖（IAPA）大奖

核心问题： 从20世纪90年代开始，北京旧城街区日渐衰败，作为北京老城区内保留相对完整的历史文化街区之一，大栅栏社区同样面临着种种难题：人口密度高、公共设施不完善、区域风貌不断恶化、产业结构亟待调整，尤其是50年代后入住的居民对四合院的"私搭乱建"使之成为名副其实的"大杂院"，但在改造中难以找到一种合适的路径引导在地居民配合和参与，这也使得原有居民在保护和发展区域过程中缺乏主动性，区域本已落后的生活、社会与经济环境条件继续恶化。老建筑产权的多样性，以及在地居民成分和利益诉求点的不同给改造带来了多种矛盾，而这些矛盾的集中体现，正是中国城市更迭中不可避免、亟需解决的问题。

引发机制：大栅栏更新计划于2011年启动，是在北京市文化历史保护区政策的指导和西城区区政府的支持下，由北京大栅栏投资有限责任公司作为区域保护与复兴的实施主体，创新实践政府主导、市场化运作的基于微循环改造的旧城城市有机更新计划；同时成立了一个开放的工作平台——大栅栏跨界中心（Dashilar Platform），作为政府与市场的对接平台，通过与城市规划师、建筑师、艺术家、设计师以及商业家合作，探索并实践历史文化街区城市有机更新的新模式。

社群主体：贾蓉（发起及策划人）及大栅栏跨界中心（Dashilar Platform团队），城市规划师、艺术家、建筑师、设计师、社会学家等，涉及众多跨界机构，包括"标准营造""众建筑工作室""都市实践URBANUS"，还包括其他与政府管理部门签约的设计机构和在商业运作模式下的多重专业协作机构。

操作模式：北京大栅栏历史文化区在城市更新的过程中，在西城区政府的支持下，由北京大栅栏投资有限责任公司作为区域保护与复兴的实施主体，大栅栏跨界中心作为总策划，融合城市规划、建筑、设计、艺术、历史、文化等多元跨界领域，首创以城市策划的方式践行活化城市、有机更新、软性发展的新模式，首个运用跨界思维搭建政府、在地居民及商家、实施主体、社会各界专业机构及公众的网络平台驱动老城区保护更新。以"区域系统考虑、微循环有机更新"的整体策略，以灵活、具有弹性的节点和网络式的软性规划与实践，逐渐关联与活化大栅栏的社会、历史、文化与城市空间脉络。从2010年开始，通过杨梅竹斜街保护修缮试点项目（2012年启动）（图4-1）、北京国际设计周"大栅栏设计社区"（2011～2016）（图4-2a）、大栅栏领航员项目（2013～2016）（图4-2b）等重点项目，邀请艺术家在现有胡同肌理和风貌基础上，灵活地利用空间，实现"在地居民商家合作共建、社会资源共同参与"的主动

图4-1　修缮前（上图）与修缮后（下图）的杨梅竹斜街

图4-2a 2015年北京国际设计周×大栅栏设计社区

图4-2b "大栅栏领航员"项目

改造，将大栅栏建设成为新老居民、传统与新兴业态相互混合、不断更新、和合共生的社区，复兴大栅栏本该有的繁荣景象。在具体的实施过程中，关注和分享社区少年儿童及在校学生的才艺表演、生日聚会；追溯社区文化习俗或传统行业作坊历史；居民手工才艺的展示与交流；社区居民的烹饪或植物园艺经验的展示与评比；社区节庆活动和文艺表演的公共参与；居民在代际更迭和社区景物变迁中的图像资料与口传故事的征集与展示活动；社区邻里的文体活动与健康知识的交流，乃至社区居民婚丧嫁娶中的邻里参与和互助活动等。

杨梅竹斜街被当作探索历史文化街区保护修缮新模式的试点。如果居民愿意，可以在拿到政府提供的资金或者房屋补偿之后离开；如果居民愿意留下来，也没有任何强迫性。无论居民还是产权人大栅栏的开发方都按这样的方式对待。已经走的这些人会释放出一部分空间，这些空间就

图4-2c "内盒院"的施工过程

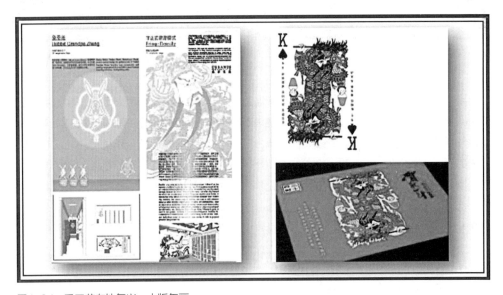

图4-2d 手工艺在地复兴：木版年画

是前期活化的节点，它们可以提供很好的支撑。所以大栅栏跨界设计室前期做了部分腾退和环境景观的改造，也引入了一些新的业态。

北京国际设计周很大程度上促进了大栅栏地区尤其是杨梅竹斜街的复兴，而"大栅栏领航员"项目则第一次大规模地将"大栅栏更新计划"引向深入，2015年就有超过十个设计群体进入到长期的胡同保护改造，成为胡同复兴的星星之火。在"设计周"一个礼拜的时间里，建筑师、设计师、艺术家来到大栅栏，与

图4-3　标准营造事务所在杨梅竹斜街53号实验项目

社区居民一起，激活社区。大栅栏的一些街道和节点实际上变身为一个以老城区、老街区改造为大主题的建筑、设计及当代艺术展场。2015年的设计周期间就有80多个展览分布于三井片区"设计发现"原生态社区聚落、杨梅竹斜街"设计复兴"文化街区聚落、大外廊营厂房"设计再创意"艺术节点聚落三大区域。

该计划包括：建筑设计试点、环境建设与公共设施建设试点、在地商家提升合作试点和工艺再设计试点。

北京的设计团队众建筑（People's Architecture Office）的"内盒院"项目，其实就是将一个预制模块系统装进老四合院里，不仅能够保存原建筑结构的完整性，同时亦能为住户提供现代都市生活所需的节能高效的居住环境（图4-2c）。

大栅栏的"在地商家提升合作试点"将着眼点更多地放在手工艺复兴与本地改造的多元利用上。在深圳、北京分别设有公司的都市实践建筑事务所是在2015年北京设计周前，应主办方之邀，与大栅栏原有居民、以雕刻木版制作年画为生的张阔合作，尝试在传统年画制作工艺之中，通过增添当代艺术的元素，找到民族文化与波普艺术的结合点，提升年画这一传统工艺的应用面和受众层。而事实上，张阔并非"民间艺术家"，称之为"年画艺术爱好者"可能更为贴切，但建筑师们被他的热情感染，希望在提升年画作品表现力的同时，反映大栅栏普通人的生活状况，引起整个社会的关注和认可（图4-2d）。

"微胡同"实验项目，希望能够尝试实践微型胡同空间住宅的建造，从而给公众以更多的生活空间想象（图4-3）。

空间效应：从2011年到2016年，大栅栏街区的改造对于在中国发生的老城区改造来说，速度并不算快。与当地居民的沟通与磨合、对于街区未来发展的摸索、初期概念与具体实施之间的差异，对于新入驻业态的严格把控，都让"大栅栏更新计划"的步调快不起来。但是，与中国大多数老城区改造的大拆大建比起来，这样的速度也让规划者和实施者有时间去思考这个古老街区的下一步。这是一个系统性、有机地软性生长，需要时间来吸

图4-4 大栅栏原有居民和规划师们
（图4-1～图4-4的图片来源：CHAT资讯）

收、融合更多元的模式，才能让这个区域六七百年的活力重新散发出来。通过艺术性的策划引导，唤起公众参与，使特色活动成为富含社区人文内涵、日常生活内涵及时代美学意义的社区公共艺术，以调动市民意识为主线，通过政府示范、社会商投进行社会资源再分配，从而形成整体统筹，最终促使大栅栏形成可持续自我更新（图4-4）。

大栅栏，是离北京天安门最近、遗存遗迹最丰富的历史文化街区，通过设计与艺术介入的软性生长的有机更新模式逐渐发生蜕变。2017年11月18日～22日，上海大学上海美术学院的研究团队偕德国明斯特大学、德国明斯特LWL艺术与文化博物馆、德国柏林洪堡大学等研究机构的博士团队，以及北京大学翁剑青教授的研究团队汇聚北京大栅栏地区，同当地居民、建筑设计师、"大栅栏更新计划"工作人员就"北京大栅栏——历史街区更新在地性研究"展开讨论（图4-5a、图4-5b）。

张轲主持改建的"微胡同"项目，这间始终有阳光的玻璃屋子就是一个公共艺术的成果——在原本老旧、隔声隔热性能差的四合院中改造一间屋子作为样本，在老的建筑结构中植入创新性的空间。

图4-5a 大栅栏地区的笤帚胡同内的"众合会议室"（图片来源：网络，澎湃新闻）

图4-5b "众合会议室"中的讨论（图片来源：网络，澎湃新闻）

专家点评 ～～～～～～～～～～～～～～～～～～～～～～～～～～～～～～～～～～

2016年，大栅栏更新计划还提出了一个新概念"杨梅竹新社群行动计划"，"最重要是打造一个'森林'，能够让邻里之间形成很和谐的关系，大家在这个过程当中相互合作、有产出，这非常重要，人们以往在胡同、大杂院里居住，必须忍受它破旧不堪，现在，新的共生关系让人们有了归属感，提升了幸福感。开放式街区的自信，可能正是来自于此。"

——发起人　贾蓉

作为以政府为主导的、对以民居和街巷为主体的、具有历史和人文内涵的历史街区的改造，如何既要维护它，又要尽可能满足现代人生活的需求，又能对当地经济产业的发展（包括人口就业和旅游产业的发展需求），以及人居代际更替当中多方利益能达到某种平衡是他关注的问题。"大栅栏更新计划"，既有政府的行为，也有商业机构的欲求，当地居民也希望通过改造的过程能实现某些改善和实惠。所以，这是不同社会利益主体之间的协作、碰撞、博弈，对话和必要的妥协的过程成为当下社会缩影。

——北京大学艺术学院教授　翁剑青

公共艺术的实践，随着时间的推移和经验的积累，其边界正在不断拓展。一方面是因为，人们对于公共性的认识在提升，无论是政府还是市民群体和艺术家，公共性问题的核心实质上是一种利益平衡机制；另一方面，艺术的力量也在实践中得到不同程度的检验，其潜力越来越出乎人们的意料。所谓利益平衡机制，在经济学上可能归于博弈机制的讨论，但由于艺术的介入，博弈的方式可能会发生改变，甚而人们对利益目标的设定也会发生迁移。问题的核心是空间的品质，这一品质的实现不仅仅出于视觉的考量，空间的归属感、可参与性、经济上增长的可能性等，综合性的因素和各方力量导向了一个不那么容易预见的结果。整个计划致力于打造一种更新平台来联结各方社会资源，也是思路上的一大突破，其中的领航员项目，从命名上来讲就点明了艺术介入的意义。面对发展，历史的经验告诉我们的是，人类必须保持谦卑。艺术家也好，艺术也好，都不是真正的灵丹妙药，如果过分夸大了这种力量，其结局也将是灾难性的。作为一种介入策略的公共艺术，无论是设计项目还是公益活动项目，更多强调的是一种有益探索，看重的是其示范效应，城市更新的真正目标并不是开发一片新的艺术展场，而是唤起这个地区居民的环境自觉，增强归属感和认同感，唯在此基础上才有真正美好未来的可能性。这个计划自2010年启动以来，已历数载，许多项目的成效已经初步显露，微循环运行起来的局面必将产生长远的积极效应。

——清华大学美术学院教授/
《装饰》主编　方晓风

4.2 北京 家作坊（2008~2013）

北京老城区胡同里的小型合作式艺术空间家作坊（Homeshop）

核心问题：家作坊曾位于北京市中心旧城区的小经厂胡同里，2008年创办，后迁至北新桥附近的交道口北二条，其空间和门面被用作一个审视公与私、商业交流或纯粹交流等相互接续往复的起点。它意在探讨"家"与"作品"之间关系，私人空间与公共空间之间的流动性转换与更替，"家作坊"这个看起来像是具有私密感的空间事实上却在不同的公共社区中活跃而公开地进行着自身的实践。

引发机制：门市居所和艺术事业结合的自发项目。

社群主体：发起人艺术家何颖雅、项目共同运作人欧阳潇、小欧Orianna CACCHIONE、Michael EDDY、Fotini LAZARIDOU-HATZIGOGA、曲一箴、植村绘美和王尘尘、胡同居民等。

操作模式：关于作为介质的材料（通过物件、空间、城市、建筑、设计）如何代表和触及人、空间和组织与日常生活的微观政治之间的关系，通过多元交织的小型活动、介入及纪录，艺术家、设计师和思想者通过系列活动在家作坊这个开放平台上质疑现存的经济艺术产物，探索日常生活成为微观政治的可能性及共同工作的机会。

空间效应：家作坊项目的兴趣在于"共"的生产，理解在当下不可能完全摆脱商业化来谈可持续发展的问题。家作坊存在的五年半时间里，努力尝试将其进行的项目置于更广泛的一种语境下去理解以下观点：艺术家运营的空间倾向于无法生存下来；介入社会、激进分子的实践会耗损（或压制）个人精神；对衡量成功与失败方法的重新审视变成一种需要。他们认为关于生命、哲学、政治、信仰的宏大问题与构成俗常生活的细小任务，二者的分裂才是"真现实"，试图去找到或创造生活中的艺术性出来，用以表达还不为人知的关于工作、爱、社会的图形结构，试图呈现、凝聚不同领域的行动者在创作和实践中的经验思考。在其关闭差不多两年后，艺术家、作家张小船和何颖雅共同创作过一篇围绕爱

图4-6 家作坊小经厂胡同空间，2008~2010
（摄影：高伟云、Jeroen de KLOET）

与家作坊的云文本，英文题目即为"On the Ongoing Labours of Love：HomeShop Opens and Closes，Opens and Closes"（直译："爱的持续劳动：家作坊的开、关，开、关"）。翻译成中文题目稍有不同："心瓣运动请继续：谈一场集体的恋爱"，戏谑地将恋爱的劳动问题提取出来，以促进对爱的社会性的进一步思考（图4-6~图4-8）。

图4-7　家作坊空间门口的小黑板上每天更新的PM 2.5值及天气预报（图片来源：家作坊的微博：@jiazuofang）

图4-8　胡同里的社区公共艺术（图片来源：网络）

河北

4.3 张家口市下花园区武家庄村（2016）

"黄土＋红砖"的乡土风貌，着力打造冬奥红砖艺术小镇，成为冬奥艺术城试点第一村。

核心问题：传承本土文化、彰显地域特色；展现乡村新风貌，建设省级美丽乡村示范村。

引发机制：政府支持项目。

社群主体：艺术家、设计师、村民。

操作模式：在美丽乡村建设中，按照基础设施城市化、民居改造艺术化、资金来源多样化、产业培育多元化的建设理念，围绕"黄土+红砖"乡土风貌，聘请中国建筑标准设计研究院对武家庄村进行"新中式"设计。在不大拆大建的前提下，充分利用本地特色红砖，并融入冬奥文化、农耕文化等元素，置入景观灯光，形成形式多样、风格各异、错落有致、充满律动的红砖艺术街巷（图4-9），使得美丽乡村艺术化、景观化的村容村貌得以凸显。

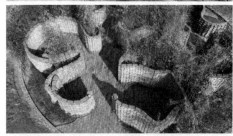

空间效应：武家庄村成为河北省美丽乡村建设地标级的示范村，吸引了北京、黑龙江、新疆等全国各地的人们观光考察。这里是农民世代生活的聚落空间，也是唤起人们乡愁的精神家园。党的十九大提出乡村振兴战略的实施，使武家庄村建设进入了绿色发展和特色发展的黄金发展期。

下花园区武家庄村根据地方特色发展砖艺农家旅游，围绕"黄土+红砖"乡土风貌，利用当地特色红砖，对村庄进行了"艺术化"改造，使游客在享受个性化农家游的同时体验别具艺术特色的乡土风情。

图4-9　武家庄村红砖艺术街巷

$$\boxed{\text{山 西}}$$

4.4　许村国际艺术节（2011～）

　　核心问题：许村曾是富庶的商贾要道，有着古老的历史，最早可追溯到春秋战国时期。许村海拔一千多米，无霜期短，农作物收成有限。2000年后，随着青壮年劳动力外出务工，许村逐渐凋敝，老民居和村中的基础设施亟待修缮。

　　引发机制：源起2008年开始的"许村计划"，由当代艺术家渠岩发起，在地方政府和当地企业的支持下，带动地方社会多重主体共同合作的文化介入与重建行动。

　　社群主体：当代艺术家渠岩及其团队、艺术家群体、许村居民。

　　操作模式：借艺术家社会影响力、行动力与文化自觉带动乡村在市场经济时代修复尊严的可能性，开展艺术创作、讲座、艺术教育培训等活动，举办许村手工艺集市、古村落游览、艺术家作品展、联欢晚会和祭祀等活动。

　　空间效应：许村以艺术节为龙头，陆续修建了多家民宿，复兴了烙画等民间工艺，以及推荐了相关文化项目。村民打开了视野，提高了文明意识和环境意识，重新感受到家乡文化的尊严与自身才华的可塑性，并为和顺地区的经济发展带来实际收益（图4-10～图4-12）。

图4-10　往届许村国际艺术节"彩绘许村"中艺术家在创作作品（图片来源：许村国际艺术公社）

图4-11　往届许村国际艺术节"彩绘许村"中艺术家的创作（图片来源：网络）

图4-12　往届许村艺术节中许村儿童的艺术课（图片来源：许村国际艺术公社）

$$\boxed{上\ 海}$$

4.5 曹杨新村（2008~2009）

核心问题：曹杨新村历史地位特殊，它是新中国第一个工人新村，建于20世纪50年代。当时，在规划、建筑技术上都是一流的，住在里面的居民也是各个单位的劳动模范，曹杨是那个时代"先进"的标志，曾备受关注。然而，随着工业型社会向知识经济型的转化，产业结构开始调整，城市关注的重心开始转移，这个小区已逐渐淡出了人们的视线。如今的曹杨社区已经非常老龄化，社区规划、门牌设置、道路指示、房屋面貌等都出现了诸多问题。

引发机制：上海大学上海美术学院选取这个中国最早的工人新村作为教学活动的实践对象，给这个老化的社区予以艺术的人文关怀，通过艺术师生们共同的脑和手来为这个社区空间在功能和环境美化上进行双重改造，这次实践是拓展都市美院的办学内涵而进行教学实践转型的一次尝试，其探讨的是如何将课程教学管理模式转化为课题项目管理模式。以公共艺术为平台，整合与调动美院各学科资源，让教师与学生打破既定的艺术创作模式，走入社会，关怀民生，担负起社会责任。

社群主体：上海大学上海美术学院院长汪大伟、联合策划人英国Ikon美术馆馆长Jonathan Watkin和上海大学上海美术学院的凌敏老师，来自中国、英国、澳大利亚、加拿大、荷兰、日本等国的知名策展人、艺术家、中外艺术院校师生、社区管理者、社区居民共同参与筹划创作。

操作模式：活动协调小组在确立主旨和提案后挑选国内外策展人、艺术家，并组织进入社区实地考察，与居民进行座谈。艺术家完成初步设想后，自由组成不同项目组进行方案设计，然后组织专家、学者对方案进行评审，遴选出20个方案。项目为期一年，所有作品都是针对社区现状并在现场创作，与居民进行了广泛的沟通和良好的互动。

空间效应：上海大学上海美术学院将公共艺术引入没落的曹杨社区，不仅美化了社区，改善了生活环境，更以艺术的方式促进社区精神振兴和社区文化共建，为社区注入人文关怀，唤起曹杨居民的自豪感以及对美好生活的追求，重振曹杨公共精神。从精神层面对公众予以关怀与感召，是公共艺术进入曹杨社区的目的所在，也反映了艺术家为社会分忧的责任感和与时俱进的艺术理想。该项目中的建筑空间改造方案在活动结束后被政府采纳并实施，改善了社区的居住环境。

公共艺术是具有包容性、创新性、探索性的艺术。从形式上来说，呈现出多元的面貌；从内容上来说，它关注的是中国当下正在发生的社会问题，如环境问题、城市化问题等。我们始终在思考，在当前多元文化背景下，中国当代艺术如何摆脱西方的束缚而走自己的发展道路，建立自己的艺术价值观和评价体系，与西方进行真正意义上的平等对话，不妨努力推进公共艺术，尝试把艺术从个人表现为目的转变为关注社会，关注民生，以为大众服务为目标的艺术观，艺术创作方法。这也符合中国的国情。公共艺术关注当下，干预生活，成为影响社会的有力手段，从这个意义上讲公共艺术是中国当代艺术的方向。

——策划人　汪大伟

4.6　设计丰收（2007~）

核心问题：设计丰收（Design Harvests）解决的是城乡如何交互的问题。城市和乡村各有需求和资源，现在问题是它们之间没有被当作一个整体来考虑。现有的交互只停留在——城市需要粮食，农村种植粮食，城市需要劳动力，农村提供劳动力，这种单向的交互是不健康的。

引发机制：数年前，病态城市和空心农村的状态引起了设计丰收团队的注意，他们开始思考，与其让城市大规模蚕食农村领域，壁垒分明的各自发展，不如建立一个通过"设计思维"整合城乡资源，改善乡村社会环境、经济状况和社会关系的发展模式，增进城乡之间的互动和交流，达到平衡发展的状态。他们将城市和农村理解为阴阳双生、互补的关系，彼此保持特性，但同时也促进资源的置换。项目的地点之所以选在上海崇明岛最普通的村庄仙桥村，有以下原因：最难到达、交通最不方便；无任何额外资源（无名人、无风景、没有钱）；当地有人愿意去改变。选择这样一个有难度的地点，希望让设计思维成为点石成金、无中生有的战略资源，从难处入手使其更具有普遍意义。

社群主体：同济大学设计创意学院娄永琪教授及其团队，TEKTAO工作室，DESIS社会创新与可持续设计联盟，Cumulus国际艺术、设计与媒体院校联盟。

操作模式：基于"针灸式"的设计策略，即通过小的、相互关联的一系列设计介入项目，激活城乡资源、人才、资本、知识、服务的交换和互动，激活乡村潜能、推动系统性改变，如同对关键穴位针灸来实现对整个肌体的调适。这些项目包括用自然农法耕种农场，出产农副产品。自2016年开始，同济大学设计创意学院和"奔放艺术村""上海对外文化交流协会"合作策划的"流/变"项目是设计丰收又一重要的在城乡互动领域的创新探索——艺术/设计植入乡村，活化乡村文化和经济。"设计"在该项目中的作用：一是使其视觉上更美，这是设计师最擅长的，但这往往不解决根本问题；二是通过设计，创造各种有特色的产品和服务，即催生全新的、有活力的乡村经济；三是生活方式设计，即如何把乡村生活方式的魅力发掘出来，做到高品质、有特色；四是社群营造。社群包括原来的农民、原有居民，更重要的是如何把年轻人吸引过来创新创业，成为新社群成员。在具体的实施中，挖掘乡村传统生产生活模式发展潜力促进城乡机体的活力以及资源的良性置换形成系统性的可持续发展，采用合作共创的方式：特色产品销

图4-13　设计丰收农场

图4-14　仙桥村墙绘（图4-13、图4-14的图片来源：http://www.designharvests.com/a/guanyu/shimeshishejifengshou/）

售（村民农作物生产配合学生包装，最后平台售卖；仙桥村墙面、路面大改造，学生进行图案设计以及绘制，村里的孩子填色；生态工作坊涉及高校合作（清华大学、同济大学、江南大学、湖南大学等）与实践等。

空间效应："设计丰收"是一个通过设计驱动城乡交互的创新创业平台，从2007年开始在上海崇明岛仙桥村开展系列设计研究和原型实验，以期从设计思维出发，发掘乡村传统生产和生活方式的潜力，促进城乡交流和互动，助力青年人创新创业，实现可持续发展。"设计丰收"让农村成为农村，而非城市，让乡村变得更健康，让各种流失的多元化再次回到乡村，包括经济的多元化、社会的多元化和生态的多元化，以吸引更多的人能参与到农业、农村的建设，并创造更多的新模式来推动农村产业的多元化（图4-13、图4-14）。

　　当时上海世博会正在筹备，主题叫"城市让生活更美好"。我自己做的研究与乡村相关，加上中国近代以来知识分子普遍具有的"乡村"情结，让我反思"城市让生活更美好"的命题里丢掉的重要的一个存在——乡村。50%的城市化率是中国的一个机会，而不是中国的一个问题。所以我想做个实验，争取把50%城市化率里可能的机会找出来。从乡村视角而言，重要的不是要把"我（乡村）"变成别人（城市），而是要把"自己"最大的潜力挖掘出来。

——同济大学设计创意学院教授　娄永琪

4.7　上海创智农园（2016）

核心问题： 创智农园位于上海市杨浦区创智天地园区，占地面积2200平方米，为街角绿地。这里原先是一块废弃13年的消极公共空间，毗邻几个被围墙隔开的小区之间。居民对这块地荒废的状态比较有意见，改造的意愿很强烈。

引发机制： 自2014年以来，随着上海城市更新的推进逐渐深入，四叶草堂设计师团队在上海中心城区共有多处不同类型的社区花园陆续建成，他们以社区绿色空间为载体，以公众参与为主要力量，强调人与自然、人与人的有机互动，是文化复兴与生态文明建设在都市区的缩影，其中始建于2016年的创智农园是典型代表。在具体的营建过程中，设计师团队侧重于人性尺度的空间营造（而非大尺度的空间生产），而项目合作者创智天地的地产商瑞安公司和杨浦区绿化和市容管理局在建设过程中积极推动居民和专业团队自主的空间实验（资本和国家主导的空间改造）。

社群主体： 同济大学建筑与城市规划学院/四叶草堂创始人、理事长刘悦来，四叶草堂旗下运营机构"留耕文化"、瑞安集团创智天地、上海杨浦科技创新（集团）有限公司、杨浦区绿化委员会办公室、五角场街道办事处、创智坊社区党支部、创智坊睦邻中心、国定一社区党支部＆居委会、财大社区党支部＆居委会、周边社区民众。

操作模式： 区政府、地区管委会、创智天地的地产商瑞安公司等共同发起改造和再利用项目，联合"四叶草堂"设计师团队进行环境改造。同时，他们通过参与性的景观营造方式构建了充满互动性的都市农园空间，并结合驻地营造的理念提出社区营造工作站、创智农园社区共建群等居民互动合作的组织运营方式。

空间效应： 上海"创智农园"展示了城市更新从空间的资本化生产到社区营造的方向转变。大尺度的空间生产损害最大的是日常生活的社群互动性。创智农园从孩子的自然教育和自然种植入手，回到步行的世界，创造一个以使用者为本的空间，恢复居民对于自己生活空间改善和创造的主动权，构建教育和种植的平台，亲密了人与自然的关系、强化了人与人的联系，让社区更有归属感和凝聚力，并将相伴社区持久成长（图4-15~图4-18）。

图4-15　创智农园入口与鸟瞰

图4-16　社区大爷自发墙绘　　　　　　图4-17　创智农园砖绘工作坊

图4-18　骑墙派作品

$$江　苏$$

4.8　新类型公共艺术介入社区"以艺术的名义搞垃圾"（2019）

第二届"长江上下：公共艺术行动计划"无锡现场——江南大学设计学院

核心问题：本次公共艺术行动计划六校在达成共缘（共时地之缘）、共识（共时命之识）、共生（共精神、文化、社群之生）的共同理念下，确立了"因缘聚艺　众生关切"的主题，在组织合作的设定上提出以下合作模型：在多方参与的情况下实现共享共生；在多个现场共同实践的情况下实现合力；在多方参与、多个现场下实现资源配置最优；跨领域六大现场相应"长江上下"行动：重庆、成都、上海、杭州、无锡、武汉（图4-19）。

图4-19 第二届"长江上下：公共艺术行动计划"总格局

引发机制：2019年，第二届"长江上下：公共艺术行动计划"集结了长江流域六大省市高校主体联合策展：四川美术学院、西南民族大学、上海大学上海美术学院、中国美术学院、江南大学、湖北美术学院。同年7月下旬，在长江上下组委会的召集下，经过六校联合复议，江南大学正式受邀成为第二届"长江上下：公共艺术行动计划"无锡分现场行动的发起方。

社群主体：策展人范晓莉（项目总负责），由陈嘉全教授（造型艺术）、翁剑青教授（公共艺术）、辛向阳教授（交互与服务设计）组成的专家团队，学生团队（由江南大学设计学院公共艺术、视觉传达、产品设计、环境艺术、服装设计、数字媒体等专业的本科生与研究生志愿者）、万科物业及居委会、社区居民、企业方代表等。

操作模式：本项目以新类型公共艺术介入社区为主题，包含三个板块进行社区营造：食物花园营建、以艺术的名义搞垃圾、公共艺术社区活动，分别对应了公共艺术的共生性、友好性、文明化。新类型公共艺术不仅通过其在公共设施、建筑物和公共空间中的艺术表现形式使公众感知周围的环境生活，而且传达出区域文化价值和增强地方认同感。新类型公共艺术是对社区环境成长路径的解读与记录，是以艺术的方式强化关于社区的特有记忆。在社区公共艺术中展示出的对居民社会生活的关注，不仅是给予社区居民更多的社会认同，更是调动着居民个人在城市背景中的自我认同。

空间效应：江南大学设计学院公共艺术系作为第二届"长江上下：公共艺术行动计划"无锡分现场的发起方，选择"自然之要求"作为核心价值纬度，响应国家于2019年9月针对无锡进行垃圾分类的政策，以新类型公共艺术对当地小区的微介入，将社区公共艺术结合"朴门永续设计"（Permaculture）的理论方法开展系列活动，强调项目活动的公共性、互动性、艺术性、在地性表现特质。"以艺术的名义搞垃圾"社区系列公共艺术项目活动旨在通过艺术设计院校专业人士和当地居民的共建模式，提高居民对周边环境的关注度和环境保护意识，提升社区活力和凝聚力，复兴社区消极景观隙地，完成从人的世界"复归"到万物自然的回归，为社群生态更新与众生生活新兴、力求知识复归现场进行艺术实践探索。

项目实施：江苏无锡分现场活动由范晓莉副教授作为策展人负责相关公共艺术活动的组织策划和具体实施，特请江南大学美术馆馆长、知名画家陈嘉全教授，北京大学艺术学院博导翁剑青教授，江南大学设计学院原院长、现XXY Innovation创始人辛向阳教授组成本次分现场活动的专家团队。本次公共艺术行动结合当下垃圾分类政策，在无锡万科城市花园三区开展名为"新类型公共艺术介入社区'以艺术的名义搞垃圾'"的社区活动，包括三场系列活动：2019年9月8日社区活动宣讲会、9月22日中期成果交流会、10月20日社区共创工作坊。本次社区公共艺术项目自2019年7月下旬开始筹备，由专业者学生和社区居民组队协作，以共创的方式回收废弃物共建可食花园，同时用生态的、艺术的方法提升住区景观环境。此外，还开展了一场公共性的社区工作坊活动，面向更广泛的居民群体，整个项目前后持续三个多月最终完成。图4-20为本次项目活动的组织框架。

本次社区公共艺术选址定在无锡市万科城市花园三区，地处无锡市滨湖新城，位于万顺路与大通路交叉口，毗邻大学城。经过近10年的发展，社区周边配套逐渐完善，社区居民主要由无锡本地居民和外来定居人员组成，两者比例各占一半，居民受教育程度较高，群众基础较好。目前社区公共环境绿化良好，但存在部分公共空间缺乏活力与关注度、城市邻里关系疏离、居民对社区建设缺乏主动参与性等问题。经过实地走访和现场调研，我们将本次社区公共艺术行动从以下三方面建构：第一，响应公共艺术之共生性，以生态设计的角度切入，结合朴门永续设计理论构建社区食物花园，从人的世界"复归"到万物自然的回归；第二，强化公共艺术之文明化，以国家垃圾分类政策为契机，选取可回收类垃圾作为艺术创作媒材，力求知识复归现场进行艺术实践探索；第三，共建公共艺术之友好性，以社区公共艺术项目活动介入社区文化建设，利用新类型公共艺术介入社区，促进社群生态更新与众生生活新兴（图4-21）。

本次的社区公共艺术介入的核心内容是，结合朴门永续设计理论构建社区食物花园。朴门永续设计理论的核心内容是营造社区食物花园，是可持续设计理论的分支理论，它是现代生态体系的综合设计系统，倡导人与自然和谐共处、生物与环境的和谐共

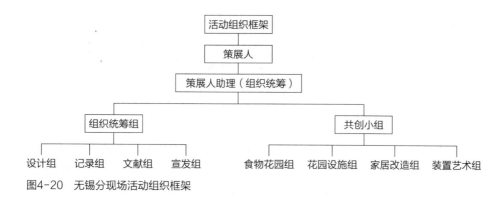

图4-20　无锡分现场活动组织框架

图4-21　无锡分现场行动项目框架

生的设计科学。这种生态设计方法于20世纪70年代，由比尔·莫里森和大卫·洪葛兰提出，从以多年生植物栽培为基础的农业系统出发，模仿自然生态系统的运作模式，通过一系列生态手段来解决农业生态问题。它的伦理原则是关注地球、关注人类、分享剩余。目前研究领域中普遍应用的设计原则包括：观察与互动、获取及保存能源、获得一定收益、进行自我调剂并接受反哺、使用和珍惜可再生能源、节能和废物再利用、从模式到细节的设计、整体而非分离、小而慢的解决方式、多样性的价值、运用和重视边界的价值、创造性的利用和改变。本次社区实践中我们研究在城市中复兴可食植物的种植，减少能源消耗，效仿大自然营造具有多样性、可持续性的城市生态系统。我们从以下几个内容进行具体营建：

　　首先，与居民共建社区食物花园。社区食物花园具有生产性，它通过建立社区食物系统、减少人们的食物里程来降低能源消耗。由于本次社区食物花园建设在住区公共绿地上，在不改变其用地性质和使用要求的前提下，在征求社区居民的主观意愿下，我们选择了以香草为主题的社区花园营造（图4-22）。根据朴门永续的原则，我们更多地选择了适合无锡本地生长、低维护性的多年生香草植物，基本容纳了大部分的食用香草。香草植物兼具观赏性与可食性，可以为花园增添色彩、芳香，也可以供人们食用。香草花园的特点是螺旋形种植床，它可以为植物提供各种朝向的地块和排水系统。螺旋香草花园从上至下分为三段来种植植物：顶部、中部、底层。顶部由于光照和地形，水分流失和蒸发量比较大，适合种植耐旱的长日照植物；底部是水量汇聚地，适合耐阴耐湿的植物。项目组走访住区，发现社区有许多可回收垃圾可以改造成花园需要的各种设施，收集到的物料有：废弃的PVC下水管、旧雨鞋、铁罐头、旧竹篮等，项目组员们在住区广泛收集了这些材料，改造设计为花园设施。经过一个半月的讨论和方案的反复修改，项目小组最终制作完成了香草花园的设施装置艺术作品。其中，堆肥箱和环保酵素的制作过程经历了前期的宣传教育，中期的分步骤收集和制作，以及后期现场共创活动的最终完成。朴门永续设计系统设法防止养分和能量流出区段，而让它们在内部循环，例如回收厨房和花园的废弃物使之变成堆肥，再将绿肥施入土壤中，为植物提供营养。堆肥是透过微生物的分解作用，让有机质材料发酵成熟，转化为松软的有机肥料，是能量循环利用的生态方法。堆肥能增加土壤中有机质含量，改良土壤。堆肥也可以节省能源、降低污染。居民可以通过自制有机堆肥来培育作物生产出有机粮食。只要是可自然分解的材料，都能用来做堆肥。在前期勘测场地的过程中，一位擅长木工技能的居民积极主动地加入了项目活动，他全程参与了堆肥箱的制作，工作效率极高（图4-23）。这个由废弃木地板改造成的堆肥箱被放置在花园中不引人注目的通风处，项目组员们在社区收集了厨余菜叶、落叶枯枝、废旧纸箱用于堆肥。在完成堆肥箱的过程中，项目组同时带领居民们完成了环保酵素的制作。环保酵素是酵素的一种，是对混合了糖和水的厨余（鲜垃圾）经厌氧发酵后产生的棕色液体，具有清洁厨具和净化空气等功能，稀释后变成很好的液体肥，可以用来浇灌植物。项目组还为小区里的流浪动物制作了饮水器和喂食器，受到了很多养宠物的居民欢迎，认为给他们的宠物也提供了夏日饮水的方便。在城市的生态系统中，为动物提供水源是维护生态多样性的必要任务之一。住区中的动物包括了居民的家养宠物、流浪动物、野生动物（如鸟类、昆虫类、小型哺乳动物等）。用PVC弯管改造的动物饮水器，收集未喝完的矿泉水，可以为这些动物们提供干净的水源。综合以上内容，社区可食香草花园营造的实施过程和阶段成果如图4-24所示。

图4-22　居民小朋友积极认领种植香草

图4-23　居民老大爷利用物业废弃的旧地板制作堆肥发酵箱

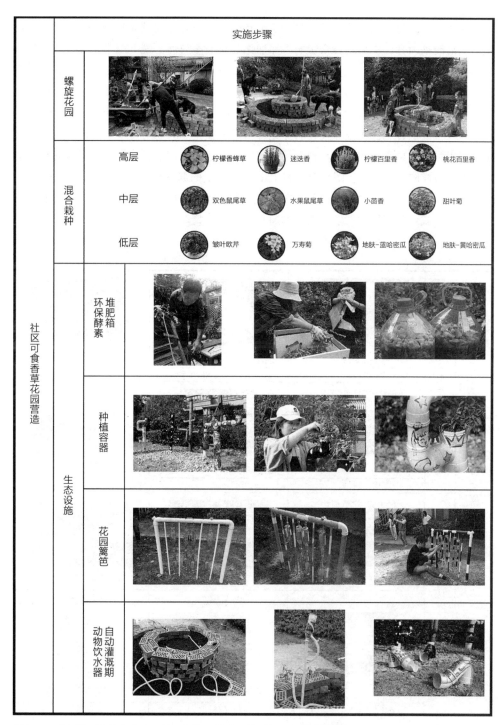

图4-24 "新类型公共艺术介入社区"第一部分：社区可食香草花园营造

　　其次，本次公共艺术项目还通过和当地环保企业合作推进线上H5的环保宣传活动，从而丰富活动内容，扩大其公众影响力和加强公众的参与性。继上海率先实行垃圾分类后，各城市逐步推行，垃圾分类热点持续发酵，无锡于2019年9月开始逐步实施垃圾分类政策。本次社区项目的线上H5的活动——以艺术的名义搞垃圾，旨在通过艺术形式激发参与者的创作热情，通过奖品吸引公众关注环保，提高垃圾分类意识。在活动期间，参与社区项目的各工作小组和社区物业充分沟通，在物业管家的带领下多次深入居民家中，搜集可回收再利用的各类材料，倾听居民诉求，集思广益，和居民进行再创作，呈现了形式多样的艺术作品。图4-25为线上H5活动征集的部分精彩作品汇总。

　　最后，社区共创工作坊活动是本次公共艺术项目介入社区的高潮部分，经过前期充分的准备，我们和居民进行了多次的沟通与协商，在物业部门的帮助下组织报名，最终

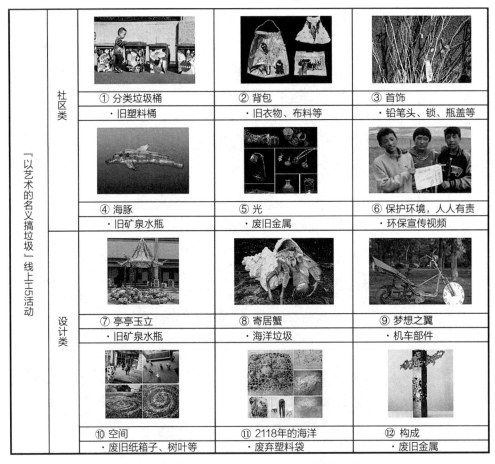

图4-25　"新类型公共艺术介入社区"第二部分：线上H5活动征集的精彩作品

形成六个工作坊，分别是：扎染工作坊、晴天娃娃工作坊、拼贴工作坊、跳格子游戏、飞行棋游戏以及环保酵素课堂。国家于2019年9月针对无锡进行垃圾分类的政策，但社区居民对垃圾分类仍然不太了解，需要更多的宣传教育，这些工作坊的内容都是围绕垃圾分类及分类后如何有效循环再利用而设计的。现场共创活动当天，吸引了大量社区居民，很多家长带着孩子早早就在活动场地等待了，不少家庭提前准备了活动相关的物料。扎染工作坊的热度持续不断，现场架起了染料煮锅，社区家长和小朋友们通过现场学习完成扎染作品，他们从自己家里还拿来了旧的白色T恤和布袋。环保酵素课堂受到了中老年人的喜爱，我们专程请到了来自台湾的推行自然农法的吴先生作为授课导师，他系统地介绍了酵素的制作过程、用途、益处，以及香草花园的建造、盆栽容器的选择，并且带领居民们在现场进行动手制作。随着现场共创工作坊的顺利结束，历经三个多月的社区公共艺术活动告一段落，我们与居民共同学习、共同成长，收获了快乐和幸福，也总结了经验和不足[①]。这并不是结束，关于可持续的社区公共艺术的探索和实践，我们将继续行动（图4-26、图4-27）。

图4-26　社区共创坊合影

---

① 更详细的图文信息请参考江南大学设计学院官微推文《长江上下 | 新类型公共艺术介入社区》。

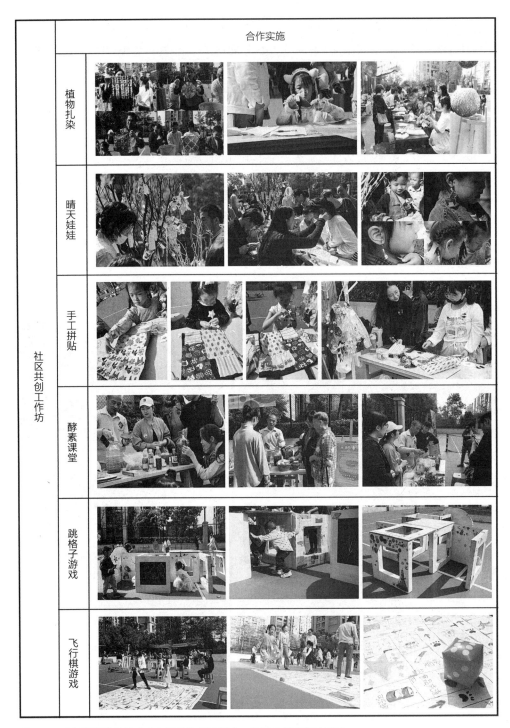

图4-27 "新类型公共艺术介入社区"第三部分：社区共创工作坊活动

4.9　无为健康农场环保公益行动（2007~ ）

核心问题：重污染天气、黑臭水体、垃圾围城、生态破坏等问题时有发生。这些问题，成为重要的民生之患、民心之痛，成为经济社会可持续发展的瓶颈制约，面对世界范围内生态文明领域的严峻局势，海内外华人联动，决心做好中国的事情："酵者孝也，百善孝为先，天地是无形之父母，父母乃有形之天地，地球母亲，酵之孝之"，以环保酵素的制作和运用为切入点和突破口，使垃圾规模性减量，推动污染防治攻坚战走向胜利。

引发机制：无锡慈济共修处成立于2007年左右，2012年在湖滨饭店的支持下，设立了无锡慈济环保站。2015年在市政府支持下又在长广溪设立无锡慈济环保教育基地。2018年湖滨环保站撤退，慢慢转移到了现在的无为健康农场（原名：无为自然农场）。慈济在全世界推广四大志业：慈善、医疗、教育和人文。慈济在中国主要以推广慈善和环保教育为主。无为健康农场也是延续这个传承，在做环保教育的同时，随缘做慈善，例如收养福利院的小孩和流浪小动物等。2019年开始与江南大学食品学院和设计学院的师生联合策划各种艺术活动和食物教育活动，如泡泡音乐会和环保涂鸦诗歌活动，增加丰富的艺术活动形式是为了增加乐趣，活动的宗旨紧密围绕回归环保、宣导爱好小动物、推广垃圾分类和健康蔬食的理念。无为健康农场每次举办活动时，都有农场志愿者提供自制的各种健康蔬食，鼓励参与者自带食具并于活动结束后自觉带走垃圾。而活动前大人小孩都会自发在农场进行各种劳动，不知不觉中已成为农场的惯例，成为最热闹快乐的一个环节。

社群主体：无锡慈济环保教育基地、酵素孝道公益倡导者及环保团队、江南大学食品学院和设计学院师生、无锡交通台、无锡各界爱心人士和组织。

操作模式：村庄是农村社会生活的最基层，往往是垃圾治理的困难点乃至死角。酵道孝道公益环保团队精心设计了零污染村庄打造行动，相关核心步骤是：由村干部、义工队和外来公益支持力量，动员并细致帮助村民做垃圾分类并予以回收。由义工队伍将厨余垃圾制成环保酵素，用于村里生态文明建设，形成循环经济，改变垃圾乱倒乱埋的局面。无为健康农场由来自台湾的酵素吴师兄创立，推行朴门永续的建造理念，联合无锡本地各界爱心人士、艺术家和江南大学食品学院、设计学院的师生自发组织了系列的公益艺术活动和环保工作坊，带动各行各业越来越多的公众参与到保护环境、绿化地球的活动中去，产生了持续的社会效应（图4-28~图4-32）。无锡交通台持续支持农场的各项活动，在农场举行直播活动，宣传酵素种植水蜜桃的理念，来农场参与诗歌朗诵、担当节目主持，著名的导演、忆江南诗歌制作人山奇老师也前来参加活动。

空间效应：环保酵素的制作和运用，可以家家户户操作、人人动手，这是一个可以

图4-28　无锡无为健康农场园环保涂鸦活动（2020年5月30日）

图4-29　无为健康农场环保小分队在行动（右一为农园创立者吴师兄）

图4-30　无为健康农场活动预热环节：快乐的农场劳动（图片来源：孙俊，无锡市朗诵艺术学会特约摄影）

图4-31　无为健康农场健康蔬食（图片来源：农场志愿者江湖摄影）

全民动员，从我做起、从当下做起的生态文明建设进程。酵道孝道公益环保团队联合社会各界爱心人士和组织，从广度和深度上拓展，不懈奋进。人与自然关系中的公益慈善行动已成为新时代中国特色社会主义建设中极其重要的组成部分。"环保酵素绿动中国"，也辐射到了农业科技领域和公益救灾领域，影响到了精神文化层面。

图4-32　农场志愿者的自然绘画

安　徽

4.10　碧山计划（2011）

核心问题：徽州具有丰富的自然资源、乡村建筑资源和历史人文资源，是人类多样化生活的一个不可多得的样本。在尘嚣日上的大都市中已分崩离析的乡土血脉与宗族体统，在这里青山绿水的保育下得以幸存。但是，现有的单一旅游开发模式既不关心农村自然生态的保护和发展，也不致力于传统农耕文化的传承与复兴，只是让更多游客蜻蜓点水，到此一游，观看毫无生气的样本，无法激起对乡村重建的更多参与。这同时也打破了前来寻访乡土中国的人们对乡村的淳朴想象，让它的亲和力大打折扣。比起村庄的自然凋敝，这是更为严重的问题。

引发机制：发起人欧宁和左靖，在2007年第一次造访徽州农村时，就被这里的自然风光、文化和历史遗存吸引，他们计划在碧山村创建的碧山共同体，希望能推动、改变农村地区的经济文化生活。对于这个项目，策展人欧宁表示希望通过知识分子回归乡村，在当地创建一个共同生活的乌托邦的艺术计划，"它与我们将要举办的其他活动一起来探索徽州乡村重建的新的可能，并在北京798和上海莫干山这类城市改造和再生模式之外，试图拓展出一种全新的徽州模式——集合土地开发、文化艺术产业、特色旅游、体验经济、环境和历史保护、建筑教学与实验、有机农业等多种功能于一体的新型的乡村建设模式"。

社群主体：发起人欧宁、左靖，知识分子、艺术家、当地居民。

操作模式：展开共同生活的实验，尝试互助和自治的社会实践，同时也着力于对这

图4-33　碧山共同体LOGO　　　图4-34　碧山书局

一地区源远流长的历史遗迹、乡土建筑、聚落文化、民间戏曲和手工艺进行普查和采访，在此基础上邀请当地人一起合作，进行激活和再生的设计，除了传承传统，更希望把工作成果转化为当地的生产力，为农村带来新的复兴机会。

空间效应："碧山共同体"是策划团队反思中国农村现有发展模式的基础上做出的一个尝试，它将成为一个持续项目，长久而渐进地构建新农业生活方式，承接晏阳初的乡村建设事业和克鲁泡特金（Peter Klopotkin）的无政府主义思想，通过让知识分子、艺术家与农村居民共同协作，试图提供一种新的乡村建设思路，从而避免农村被简化为旅游景点或迅速地被城市吞噬。时代美术馆在这过程中，充当一个媒介的角色，通过展示"碧山共同体"的阶段性成果、组织研讨、再现乡村生产场景的方式参与到项目当中（图4-33、图4-34）。

4.11　中国铜陵田原艺术季（2018、2019）

核心问题：安徽铜陵，有着适宜万物生长的气候，还有母亲河长江的哺育，让它被冠以"鱼米之乡"的美誉。铜陵义安区西联镇犁桥村和西湖村，两个平凡而美丽的江南乡村，朴实的村民在这里世代居住，繁衍、耕作、建造，与自然相融，随四季更迭，日出而作日落而息。犁桥村和西湖村这两个平凡的小村庄通过田原艺术季，将被打造成吸引周边城市、长三角地区高端文艺消费群体的文旅目的地和度假体验地，成为文艺青年的打卡胜地，同时带动当地文旅配套服务业的发展，带动年轻人返乡创业。

引发机制：受铜陵市委市政府的邀约，2018年11月启动的首届"铜陵田原艺术季"及"中国最炫稻田宴"由国内最活跃的艺术活动家/当代艺术策展人梁克刚先生亲自操刀策划，本次艺术季由铜陵市美丽乡村建设领导小组主办，铜陵市文旅委、市美丽办、义安区委、义安区政府承办。在两个多月里，戏剧、音乐、诗歌、公共艺术创作、网红建筑、精品民宿、公共艺术、装置与雕塑、迷你美术馆、稻舞台、稻剧场、荷塘图书馆等将渐次呈现。"艺术改变乡村"将会是新时期乡村振兴与文旅融合的破题路径。

社群主体：策展人梁克刚、艺术家、设计师、收藏家。

操作模式：自然成全了农耕，农耕离不开田原，田原创造了另一种艺术形式。艺术并不是曲高和寡，艺术源于生活，源于民间，田原是艺术的画布，艺术是田原的画笔。通过艺术改造和艺术活动，提升美丽乡村建设品位，犁桥村和西湖村两个村落正在涅槃，呈现出丰富的、灵动的、充满人文气息的崭新面貌。2019第二届艺术季的总体思路是延续首届艺术季探索出的以艺术、设计、文艺综合赋能的基本模式，继续巩固前期成果、拓展范围、深化细节，在犁桥范围内打造了多处公共艺术景点、原创文化建筑、示范精品民宿等。将公共艺术创作、原创建筑、空间改造、视觉优化和活动内容植入等作为一套组合拳来整体解决乡村文旅品牌IP的打造。同时，也将在义安区的大力支持下进一步完善犁桥周边的旅游配套设施、标识标牌、灯光亮化工程等。

空间效应：自2018首届中国·铜陵田原艺术季启动以来，100多名艺术家们陆续来到铜陵，相继举办了稻田宴、乡建艺术展、音乐节、诗歌大赛、艺术乡建论坛等多项主要活动，创作了多幅墙绘作品，制作和展出多件雕塑作品，改造完成特色民宿、咖啡馆、美术馆、图书馆等公共艺术空间。水上美术馆、湖畔咖啡屋、灵动现代的装置艺术现身犁桥，艺术的介入使水乡犁桥旧貌换新颜。2020年，梁克刚团队将在犁桥村寻找合适的空置场地创建国际艺术家驻留基地，让更多国际艺术家参与到项目当中来。并且将尝试在村中开展非遗再造工程，将省市部分非遗项目引入犁桥艺术村，还将把"稻田宴""丰谷颂"等活动形式经典化、仪式化再造新传统、创建新IP。乡村振兴与文旅融合是百年大计，需要持续不断地助推与建设完善。该项目得到了铜陵市委市政府高度重视，并决定将艺术季作为一个导入文化艺术与设计资源的活动载体要持续做下去，打造成一个具有中国特色的大地艺术品牌，围绕犁桥村继续延展扩充，逐步连片呈现，打造"犁桥艺术村"，为铜陵发展转型之路画上点睛一笔（图4-35）。

图4-35 铜陵田原艺术季作品

4.12　莫干山国际民宿艺术节（2018）

核心问题： 为了更好地助推莫干山民宿业的发展和服务更新，打造新型乡村样态，促进莫干山国际旅游度假区的文化旅游生态转型升级，引入符合莫干山实施乡村振兴战略并协调公共艺术介入的项目。

引发机制： 在莫干山镇人民政府、莫干山国际旅游度假区管理委员会、上海大学上海美术学院、上海公共艺术协同创新中心（PACC）的积极运作与推动下，并在莫干山民宿行业协会的大力支持下共同缔造了莫干山国际民宿艺术节。

社群主体： 莫干山镇人民政府、莫干山国际旅游度假区管理委员会、上海大学上海美术学院、上海公共艺术协同创新中心（PACC）、莫干山民宿行业协会。

操作模式： 2018年，莫干山国际民宿艺术节以整个莫干山旅游发展区和莫干山国际公共艺术创意园为核心，它以莫干山自然资源、人文历史和发展愿景为依托，共同打造包含莫干山国际公共艺术创意园在内的、上海公共艺术协同创新中心莫干山工作站、上海国际手造学院、"上海—莫干山"艺术产业与金融研究院等板块，开展驻地创作、非遗手工艺教育培训、艺术产业课程讲座、公共空间改造、户外品牌等实践、研讨和研究活动，助推莫干山乡村振兴建设，并正式签订合作协议，共同发展（图4-36）。

空间效应： 在乡村重塑的过程中，上海大学上海美术学院充分发挥自身优势，从点到面充分利用一切可以协调合作的力量，作为国内开展公共艺术创作领域最早也最活跃的专业艺术院校上海美术学院，先后和四川美术学院共同发起的"长江上下：公共艺术国际行动计划"也参与到莫干山国际民宿艺术节和"乡村重塑　莫干山再行动"公共艺术行动计划的实施当中。

图4-36　《永续剧场·放簖故事》即兴表演

4.13　乌镇国际当代艺术邀请展（2016、2019）

核心问题： 中国社会转型的过度城市化对乡镇带来的变化与影响很大，这不等同于"同化"或"一体化"的城市化，只有在保持自身地域独特之处时，真正的文化交流和艺术沟通才有可能实现。

引发机制： 乌镇具有深厚的文化底蕴和独特的自然景观。她既有古老的历史文化积淀，又是现代与文艺的"文艺复兴小镇"。通过汇聚全球当代艺术名家的展览，这个千年古镇更加地具有国际视野，她的文化也将拥有更多的可能性。乌镇旅游股份有限公司总裁，文化乌镇股份有限公司董事长陈向宏是乌镇保护的规划设计师及组织实施者，他独创性地运用"历史街区再利用"保护理念，同时致力于文化传承与发扬，使乌镇深厚的文化积淀重现光彩，也吸引了各界艺术家对乌镇的垂青。

社群主体：由文化乌镇股份有限公司主办，冯博一担任主策展人，王晓松、刘钢及策展团队共同策划，国内外艺术家。

操作模式：2016年第一届乌镇国际当代艺术邀请展以"乌托邦·异托邦"为展览主题，汇集了来自15个国家和地区的40位（组）著名艺术家的55组（套）130件作品，分布在乌镇的西栅景区和北栅丝厂两个展览区域，参展作品包括绘画、雕塑、摄影、装置、影像、动画、行为、声音等多媒介方式。2019年第二届乌镇国际当代艺术邀请展以"时间开始了"为展览主题，本届艺术家数量和展陈规模都较上一届有所增加，从获得的350位提名艺术家中邀请了来自21个国家和地区的45位当代艺术家最终参与，其中有27位国际艺术家，18位中国艺术家，不同面貌、多元媒介的作品汇集乌镇，以新的形态、方式、语言拓宽乌镇的展览视野。

空间效应：乌镇在连续举办三届戏剧节和木心美术馆建成开馆的基础上，尝试着持续构建中国江南水镇的文艺复兴和艺术改变生活方式的乌托邦理想。通过引进国际当代艺术的展览机制，在乌镇进行有关文化全球化与地域文化的沟通、探索、挖掘、合作，共同拓展乡镇建设的文化生存空间和激活乡镇的活力。观众或游客既可以感受乌镇自然与人文的景观，还可以体验一个具有互动性的国际性当代艺术展览（图4-37、图4-38）。展览期间，乌镇还举办了面向不同人群，免费、公开的系列公共教育活动，活动嘉宾中既有艺术家、批评家，也有历史学家等非"艺术"学科却具有时代影响力的重要人士，

图4-37 乌镇国际当代艺术邀请展部分艺术作品

图4-38 《凝露》（作者：隋建国）

并定期推出专业导览等配套活动，与展览一样，乌镇希望提供的不仅仅是"场地"，而是触摸时代界限和推动思想传播的"现场"。

4.14　上坪古村复兴计划（2016）

核心问题：上坪古村地处福建省三明市建宁县溪源乡，历史悠久，文化底蕴深厚，是中国传统村落，福建省历史文化名村。与大部分古村落情况类似，随着现代交通的变更与农业的衰败，上坪村留守情况严重，常驻村民多为老人，村庄缺乏活力和公共生活，村民的观念也非常闭塞和保守。由于缺少休憩、餐饮等旅游配套设施，严重影响了村庄旅游及相关产业的发展，这些都不利于村庄经济的复苏。

引发机制：2015年，溪源乡委托北京清华同衡规划设计研究院为上坪村编制了《保护和发展规划》，对村庄的历史元素和未来发展提出了详尽、系统的说明。2016年，溪源乡又启动了上坪村重要节点落地项目的设计和建设工作。基于此背景下，设计团队开始了"上坪古村复兴计划"工作。

社群主体：溪源乡人民政府、三文建筑/何崴工作室、清华大学建筑学院张昕工作室、当地工匠。

操作模式：设计团队希望通过对闲置农业生产设施的改造，植入新的业态，留住人流，同时与空间改造同步，一系列与古村相关的文创产品和旅游活动内容也一并被考虑。在改造过程中采用古中带新，艺术介入的方法，并不刻意地追求复古的形式，也不使用过于现代、城市化的形态，村口节点的几个新建筑希望在保持在地性的同时，在局部呈现新的气象。具体挑选了村庄中若干闲置的小型农业设施用房，如猪圈、牛棚、杂物间、闲置粮仓等进行改造设计；植入新的业态，补足古村落旅游服务配套设施，为村庄提供新的产业平台是此次工作的重点；而基于在地性、乡土性，同时强调建筑的当代性、艺术性和趣味性是设计的基本原则。在这些基础上，设计团队还为村庄提供后续经营的指导，设计乡村文创产品，以及相关的宣传推广，可谓从产业规划到空间营造，再到旅游产品和宣传推广的一条龙服务。

空间效应：该项目在保护的前提下，寻求古村落发展的契机，以保护为基础，发展为目的，在对整村进行详细研究后，选取了水口区域、杨家学堂区域和大夫第区域作为突破点，对区域内的部分建筑进行整理、改造，并赋予它们新的使用功能——公共活动和旅游服务配套设施。因为上坪村的群众基础弱，村民对改造工作并不十分支持，所以没有使用民居或宅基地，而是选择村中小型的闲置农业设施用房，如猪圈、牛棚、杂物间、闲置粮仓等，将它们作为一种"触媒"（Catalysts），以点带面，带动全村的活力和复兴（图4-39～图4-45）。

　　烤烟房作为当地农业的传统工艺遗存，具有一定的旅游观赏价值，可以满足城市人对传统制烟工艺的好奇。但设计团队并不希望把改造工作停留在原有工法的简单再现上，一种艺术的手法被引入，通过一个光和色彩的装置，烤烟房被塑造成对中华农耕文明，及与其紧密相关的太阳的歌颂。阳光被分解和强化为彩色的光，从天窗照入室内空间，奇幻的光影效果为简单的空间提供了浪漫的色彩。设计师希望这里成为一个仪式性的场所，通过反映太阳的艺术装置，现代人可以反思人与自然的关系。

图4-39　廊亭内的鱼灯装置，村民供奉的神像被重新安置回原来位置

图4-40　彩云间水吧鲜艳的窗板为古村增添了一抹亮色

图4-41　彩云间水吧内部就地取材，并采用了传统工艺，旧中有新

图4-42　由牛棚改造的阅读空间

图4-43　烤烟房

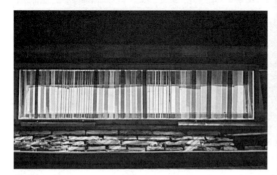

图4-44　由亚克力板组成的装置将阳光"分解"为彩色　图4-45　烤烟房内部的彩虹艺术装置

湖 北

4.15 "武汉与我"（2019）

第二届"长江上下：公共艺术行动计划"武汉现场——湖北美术学院

　　核心问题：本次"长江上下"武汉分现场以"武汉与我"作为策划主题，希望以多维视角、广泛调研和深层解读的方式，利用公共艺术所强调的公共性、参与性和在地性，通过丰富多元的公共艺术创作形式，引发城市和社会广泛受众群体的集体思考。

　　引发机制：武汉这座城市，自清末即享有"九省通衢"的美誉，是"一带一路"的重要支点与腹地，并具备丰厚的历史人文积淀与经济发展基础。当下，武汉将城市发展的核心基点放在变革创新上，整座城市正处于产业体系的全面转型期。湖北美术学院作为华中地区最重要的艺术创作和人才培养基地之一，自1920年在武汉建校以来，已经伴随着这座城市走过了近百年的辉煌历程。在武汉经济迅速发展与产业转型的时代语境下，湖北美术学院公共艺术专业自成立以来一直致力于以公共艺术为触媒，力图对公众文化生活与城乡公共空间场所精神进行不断重塑与提升。

社群主体：联合策展人谢苏、叶庆、张泽南、乐黎、叶倩、万莉，湖北美术学院壁画与综合材料绘画系公共艺术工作室，湖北美术学院壁画与综合材料绘画系公共艺术专业2016级、2017级学生，特邀艺术家黄睿，武汉世纪都会商场有限公司（武汉M+购物中心）。

操作模式：活动前期，通过与公共艺术教学结合，引发参与者的集体思考。对武汉城市沿革、武汉长江特色、我的城市与武汉城市链接、乡村与城市共生、我在城市之中的存在等进行多维视角的调研、记录和整理。此次主题性公共艺术活动分为三条轴线展开：一是时间轴线——城市的过去、城市的现在、城市的未来；二是空间轴线——城市的中心、城市的边缘、城市之外；三是人文轴线——城市与我、城市与我们、城市共生体。活动期间，针对整理后的内容提出关键词，分组讨论，围绕关键词开展创作，定期进行阶段性方案汇报，最终将在这座城市中的感受和对武汉未来的创造性想象转换为公共艺术作品。

空间效应：湖北美术学院公共艺术专业所承担的武汉分现场，希望通过公共艺术与城市各类公共空间联动并结合公众广泛参与的方式，以公共艺术展览为催化剂，增强公众的城市文化认同感，使公众与艺术家一起参与到地方文化建构过程之中。力图使城市空间品质、场所精神和人民公共生活质量得到更大地提升与更全面地重塑，在多方协助构建具有在地性特色的城市共同体同时，不断催生出更深远和更具广泛传播性的城市公共文化意义和影响力（图4-46）。

图4-46　武汉分现场开幕式

湖 南

4.16 "创意·江豚"公共艺术环境沟通活动（2013～2014）

核心问题：长江江豚是全球唯一的江豚淡水亚种，已在地球上生存2500万年，被称作长江生态的"活化石"和"水中大熊猫"。国家二级保护动物，已被列入《濒危野生动植物物种国际贸易公约》。如今，江豚的濒危程度超过了大熊猫，绿色、环保、低碳、生物多样性和可持续发展，绝不是与己无关的口号，而是紧系着全人类的共同福祉。关注江豚，就是关爱人类自己，人类别无选择。

引发机制：2013年3月，一群热心公益的高校教师、艺术家、环保专家以及热情无畏的年轻人发起了"创意·江豚"这个社会创新及社会企业型的公益项目。以微笑的江豚模型为载体，通过艺术彩绘来传播江豚和生态环境保护的理念，以期促进自觉的环保行动，为中国的环保事业贡献一份文化和艺术的力量。该活动率先得到了长沙华美雕塑有限公司的赞助。

社群主体：湖南省创意环境科技传播中心、高校教师、艺术家、环保专家、社会青年。

操作模式：项目表达的是"艺术是一种祈祷"，以微笑江豚模型为载体，以"又见微笑"为主题，通过邀请各类艺术家在模型上进行艺术绘画，来传播江豚和生态环境保护理念的活动。征集创作创意阶段，来自湖南省画院、湖南省青年美术家协会、草根艺术工作室等各行各业的艺术家即刻响应，投入创作，以洞庭湖和湘江口现存的江豚数量为目标，创作出近100头的艺术江豚，在不同公众场合设置展示点。这次项目活动展开从未有过的艺术群体集体创作的协作情境，这一切都基于一个共同的目标：为艺术精神创作，用艺术情怀抒发对生态的关注。

空间效应："创意·江豚"艺术家们站在人文关怀的高度，大胆创作，演绎和表达着自己对长江江豚保护的理解和认识，从他们的作品中散发出关注现实、保护环境、传递中国符号的一种信念。通过艺术家的雕塑创作，向社会公众展现江豚的千姿百态，守护长江江豚在行动（图4-47）。

艺术是一种祈祷。世上灾难越多，人们越有理由去创造美，这么做更为困难，但也更为必要。

　　　　　　　　　　　　　　　　　　　　　　　　　——安德烈·塔可夫斯基

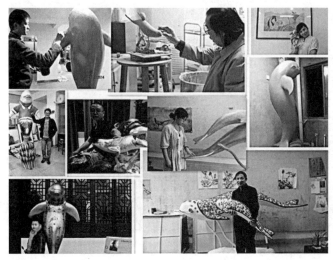

图4-47　艺术家为江豚倾情创作

广 东

4.17　乐从蒲公英艺术节（2017）

核心问题：此次活动以"60%公共艺术计划"的理念和形式展开，旨在以公共艺术视角问症"周家小组"公共空间，以中央美术学院教育研究实践成果播撒公共艺术之种。

引发机制："60%公共艺术计划"是基于一种特定的执行理念——60%由艺术家完成，40%与公众、自然进行对话完成的艺术创作。

社群主体：中央美术学院城市设计学院、中国公共艺术研究中心、乐从镇人民政府、北京央美城市公共艺术院。

操作模式：本次艺术节以中央美术学院城市设计学院公共艺术与空间设计工作室和公共艺术与视觉设计工作室"城市亲历"课程实践展开。整个创作过程中，艺术家充分尊重场地条件和居民的生活方式，充分与民众沟通协作，充分强调公共艺术的自我生长性，以轻松、趣味的方式为"周家小组"量身定制了一系列公共艺术作品。

空间效应："60%公共艺术计划"倡导了公共艺术的状态是自由和开放的，公共艺术不再是人民仰慕已久的纪念碑，而是一个个创造的过程。该计划尝试去制造一个机会，形成一次对话，营造一个场景，让公众以一种崭新的视角去回望公共艺术；通过在多维的空间中构建公共艺术与城市、乡村、社区、公众之间的可能性，从而进一步探索中国公共艺术的边界（图4-48）。

图4-48　乐从蒲公英艺术节

重 庆

4.18 原乡无声，新民有艺 "DLAF复归" 重庆第二届国际现场艺术节（2018）

　　核心问题：在全球化的背景下，中国当代艺术重视同西方接轨，却在一定程度上忽视了本土文化根基，"复归"是要让艺术家关注本土文化，让艺术走进巴渝农耕文化，是实践乡土现场最直接的方式。通过最普通的农具，中外艺术家能直观感受到中国农耕文化，这种文化现在已难寻踪迹，值得乡村建设、生态农业、艺术等领域的专家来共同挖掘，传承改良，艺术新造。依托艺术节这一文化交流平台，让更多的艺术家、民间文化民俗研究者将目光聚焦中国非物质文化遗产，用他们的方式让人类重视在工业化、城镇化发展的今天，乡村文化所面临的传承、非遗文化如何复归等问题。

　　引发机制：2017年在九龙坡区举办的首届"DLAF复归"现场艺术节倡议"艺术的场域迁移与现场的多义生长"，鼓励艺术家直面当地的社会现场与文化语境，意图促成当代艺术与中国高速发展的社会之间的直接碰触。第二届艺术节承接了上届议题，持续关注让艺术走进中国城市和乡村。

　　社群主体：本土艺术家兼策展人曾途、曾令香、靳立鹏、胡燕子，来自中国、波兰、德国、英国、日本、意大利等6个国家的82名艺术家。

　　操作模式：本届国际现场艺术节为期22天，由联合策展人曾途、曾令香、靳立鹏、胡燕子分别用"历史的定命""人性的反映""自然的要求""知识的逻辑"4个板块呈现，每个板块包含艺术互动实践工作坊、艺术家在地作品创作、学术论坛、图书与影像作品展映会等活动，实现艺术与公众的零距离接触。来自中国、波兰、德国、英国、日本、意大利6个国家的82名艺术家以"原乡无声，新民有艺"为主题创作作品数十件，其形式包含行为艺术、装置雕塑、影像、实验音乐、舞蹈现场、民艺展演现场等，对公众开放留场作品展览。

　　空间效应：本届现场艺术节主题探索更深，参与合作领域更广。以艺术与乡土的多元关系为切入点，聚焦艺术与"三农"的交互现场，跨界融合艺术、"三农"、环境保护、社会学、民俗学、人类学等专业领域的实践探索交流，倡议跨领域的学术融合，以及知识对乡土现场的复归（图4-49、图4-50）。乡村需要艺术，艺术也需要乡村，从"三农"体系出发，通过阐述中国现代化进程中"去乡土化"问题出现的原因、表现与影响，呼吁人们重新发现"三农"价值，重建与复兴原乡文化，使艺术在其中起到积极作用。

　　"朴门永续"理念以自然规律运用于设计，来营建永续的农业、生态和社会系统。面对全球生态系统的日益恶化，它以一种积极建构的态度来实现食物自给、生物固碳和物种的繁盛。朴门在

图4-49 "自然的要求"板块：自然农法与朴门　图4-50 黎海涛工作坊"厚土栽培"可食地景
永续

实践中不仅修复生态，而且活络社群，在当代生态与社群艺术中有着广泛的应用。

艺术重构多样化的社群

　　工业革命成功塑造了人工化的图景，形塑了工业社会单向度的人，人类也成功地把自己塑造成社会流水线上的产品，艺术开始在"关系美学"中修复社会纽带、链接人际交往。艺术重构社会有机体的能力逐渐彰显，能重新阐释人、社会和自然世界的关系，营造多元互动的公共领域，重构多样化的社群。

　　　　　　　——公共艺术博士、四川美术学院副教授、民艺活化与乡村振兴工作室导师　曾令香

4.19　艺术的社群·记忆的容器（2019）

第二届 "长江上下：公共艺术行动计划"重庆现场——四川美术学院

　　核心问题：拉近艺术与社区的距离，沟通社区感情，了解社区需求，听取群众意见，将社区空间通过艺术介入的方式更好地激活，让艺术作品更好地在社区生长，带来活力，增强社区的铁路文化建设。

　　引发机制：2019重庆首届黄桷坪社群艺术季作为第二届"长江上下：公共艺术行动计划"中的四川美术学院现场，以"艺术的社群·记忆的容器"作为策划主题，艺术介入的社区选取了重庆市九龙坡区黄桷平街道新市场社区铁路三村。

　　社群主体：策展人四川美术学院曾令香、乡村振兴与民艺活化特色工作室团队、四川美术学院师生、艺术家、社区居民。

　　操作模式：此次社群艺术季包括社群艺术在地创作作品展、社群民艺·美育工坊、铁路社群茶话会、铁路社群影像志放映会四大活动板块。新市场社区共有16件在地创作的公共艺术作品，是由50余名四川美术学院的师生、40多名居民历时近2个月共同创

作完成的。

空间效应：本次社群艺术季是对于长江上游之重庆的乡村振兴与社群复兴的重要探索，以艺术介入社群的方式，追溯社区历史文化脉络，实现社区情感交融，激活社区原有空间，彰显社区人文精神；同时让艺术直面社会现场，艺术作品融入空间并持续生长（图4-51 ~ 图4-55）。

图4-51 《铁路书屋》（作者：田蒙）

图4-52 《窗里窗外》（作者：赖研君、向伟君）　图4-53 《那个年代》（作者：刘佳、陈琳尧）

图4-54 《那个年代》居民参加创作

图4-55 《勾沉》（作者：付钰、张思嘉、周娅）

选择具有年代感的铁路书籍为元素，结合社区现场的空间进行创作，营造了一个以书籍为主题的异化空间，给社区居民带来温暖而奇幻的艺术体验。

创作者通过摄影将居民的日常生活进行艺术性拍摄，把社区老人心中柔软的部分勾勒出来，展现窗内的美好世界，让他们重新认识身边的老物件，以此来关切他们的情感和历史岁月，同时展开对生命、对时间的思考。

创作者联合社区的居民一起收集老物件和废弃的日用品，将充满着那些年代记忆的日常物集合成弹珠，取院中黄桷树自然呈现出的弹弓"Y"形，将它们发射的同时追溯过去那个年代的童真记忆。

创作者以"90后"外来者的视角看到的是，这排房屋作为铁路三村的见证者，像一位老人固守着这方土地，用肖像素描的方式为这位"老人"画像，勾勒出岁月之痕，对她的坚守和爱护致以敬意。

四川

4.20 大巴山花田艺穗节（2019）

核心问题：对于生活在繁华而喧嚣的城市人来说，乡村有特别的吸引力，乡村里一些寻常的物件或现象，对于远离故土、远离乡村的人来说，都是极具价值的，这能让他们常怀过去、走得更远，这能吸引人才回到乡村并为乡村服务，把乡村的资源变为产业。文化振兴是乡村振兴的重要内容，乡村振兴也需要适合的文化载体，大巴山花田艺穗节希望充分发动国内外知名艺术家和文创家的力量，希望充分利用乡村自然文化资源，将大巴山建设成为文旅融合的孵化园，从而推动脱贫攻坚和乡村振兴的发展。

引发机制：艺穗节（Fringe Festival）于1947年发端于英国爱丁堡，其后遍布全世界的70多个城市，具有新锐、创意、草根与先锋的文化意涵以及多元、自由、互动与日常的表现形式。中国台北、澳门、深圳和上海都先后举办过城市艺穗节。2019年举办的首届大巴山花田艺穗节，是中国第一个乡村艺穗节，也是艺穗节国际大家庭的一名新成员，旨在响应国家乡村振兴战略，结合宣汉的资源禀赋、产业现状与历史文化，通过乡村共生、旧物活化和文创开发等形式，以文化创意的当代观念激活在地资源，实现文化遗产、文学艺术、文化传媒与文化创意的可持续开发，形成更多有特色、有价值、可复制、能推广的成果，助力宣汉脱贫攻坚、开发全域旅游、建成全国巴文化高地。

社群主体：发起人北京大学文化产业研究院副院长向勇，来自英国、南非、韩国等地的国际艺术家，来自我国北京、重庆、广州、成都、台湾、澳门等地的专家学者和艺术家，当地乡民。

操作模式：以"乡村动员与地方共生"为主题，所有受邀的艺术家和文创家以热爱乡土的虔敬情怀，运用不同的艺术作品和文创产品来表达"讴歌泥土生命"的艺术观念与文创理想，花田艺穗节设立了国际乡村创客大会、花田大地艺术作品创意展、大巴山地方创生花田影像展、花田错沉浸演出、花田乡愁电影展映和花田喜市文创市集等丰富的展演内容。花田艺穗节通过创设一种全新的乡村动员机制，通过艺术与乡村的对话、文创与乡民的共生协作，建立起所有参与者（包括创作者与体验者）情牵这方花田的地方依恋、地方依赖和地方认同。大巴山花田艺穗节所培育的地方意识，是花田艺穗节的参与者与大巴山"地—产—人"的价值共享。在这里，土地景观、特色产业与人情故事成为文化媒介，连接了花田艺穗节活动的参与者。透过花田艺穗节的创意活化，可以将地方极富特色的人文历史、地理地貌、特色农作、工艺传承等区域资源进行创意再生，以地方创生来审视"地、产、人"的多重因素。

空间效应：大巴山花田艺穗节开创的是一场艺术与文创介入乡村振兴、脱贫攻坚的探索之旅。通过艺术家深入乡村的创作，通过地域、产业与人才的多元互动，将引导优质人才服务地方乡土，开拓独具特色的地方感资源，发掘深具地方内涵的地方性产业，进而有效整合地方的乡土文物、民俗活动、地方物产、文化庆典、民间工艺、特色农品等相关产业的活化创生（图4-56、图4-57）。

图4-56　大巴山花田艺穗节开幕　　　　　图4-57　大巴山花田艺穗节展览

贵 州

4.21　羊磴艺术合作社（2012～2018）

核心问题：羊磴艺术项目是一个"无问题"和"未知性"的项目，它既不可能活化乡村，也不是振兴乡镇，该项目可能是目的最不明确的、功利性最弱的，对现实的产出、对当地人的影响也是最弱的，因为没有具体的目标，所以也不会因为必须的目标产生急迫感。强调是"和大家共同发起的"，不追求一种抗争或者对立，所以强调项目本身一定要成为生活的一部分。"生活的一部分"就是很难简单判断它到底是真实的生活，还是被艺术家悄然改变了的。对于当地的居民来说，"被艺术家悄然改变的生活"就是其本身生活的一部分，但是，它可能是被艺术家或者好玩的人做了一些无害的修改，这种"无害的机制"的修改让艺术家与民众都感到某种程度的愉悦。艺术家因此会有意愿继续到羊磴，将艺术合作社的项目持续发展下去。

引发机制：属于低成本的艺术项目，并非由政府发起的，而是由艺术家来发起的，但也有些艺术机构的赞助。

社群主体：艺术家焦兴涛发起，由一群年轻艺术家和当地居民共同参与。

操作模式："羊磴艺术合作社"尝试将艺术还原为一种"形式化的生活"，并重新投放到具体的社会空间中，强调"艺术协商"之下的"各取所需"，意图在对日常经验进行的表达中"重建艺术和生活的连续性"。该项目试图避开政治艺术以及社会学式的手段和路径，避开自上而下"介入"的强制性，面对日常本身而不是既定的美学体系进行即时随机的应答，以"弱"的姿态与"微观"的视角去建立艺术介入社会经验的"例外"，让艺术自由而不带预设地生长在羊磴。在"貌合神离"中"各取所需"，以"艺术协商"的方式，让曾经必须"以艺术的名义"在艺术制度的边界呈现的形状、事件、言谈、聚集，成为生活中自然生长的日常。"羊磴艺术合作社"就是对"艺术协商"的秉持和践行，放弃所有的已获得的艺术史，包括经验、手段、方法和一些预设的东西，从

图4-58 "乡村木作"，羊磴艺术合作社，2012年冬

而调动所有的直觉面对生活，通过人和事件来开展一些项目和活动，同时适合当地的居民、艺术家共同来参与进行。六年来，该艺术群体进行了一系列与乡村社会相结合的实践和实验，包括和当地木匠共同协作的"乡村木工计划"（图4-58），购买当地农村房屋实施的"界树"项目，赶场时的艺术互动活动，与当地营业店铺共建"冯豆花美术馆"和"西饼屋美术馆""小春堂"文化馆，在镇上的学校校园、山冈、河流、桥上以及镇上广播站、废弃的办公室进行各种艺术活动，并且和当地居民一起开展"羊磴十二景"项目，让这个所谓"没有历史""没有故事"的小镇百姓开始试着讲述自己。

空间效应：2018年作为改革开放40周年，自8月起"羊磴艺术合作社"发起了持续长达三个月的"羊磴40年"艺术游。不同于国家的宏大叙事，希望从历史的高处来看微小的地方——羊磴。参与项目的均为当地的居民和艺术家，集展览、活动、聚集、宴请、放映等方式在镇、村、街道、店铺、住宅、河流、山体间等日常所及的地点展示。2018年11月底，"社区更新与公共艺术"国际学术论坛在四川美术学院开启。在论坛第二天，焦兴涛带领参与本次学术论坛的国内外学者们亲自到访了羊磴，进行了在地论坛讨论，并参加了在地三位艺术家的在羊磴艺术合作社的展览。羊磴艺术合作社已经走过了六年，羊磴镇与羊磴艺术合作社都产生了一系列潜移默化改变与迭代。一个艺术方法实验场，在羊磴的社会空间中有比城市空间更多的空隙，或者说有更多的"空档"让艺术去填满它，然后成为生活的一部分，羊磴艺术合作社可以选择和政府保持一种弱联系的状态，因为在城市空间中常常是一种紧密的、不可逃匿的关系，而在羊磴则可以保持距离，这样才得以生长一些东西，才能实施，才能很自由地完成一些和社区、和人的关系相联系的一些艺术项目。在国际学术论坛讨论会上，玛丽安提到了一个关于"时间"的概念，提出在严格意义上来讲，任何一个事件都应该有一个时间概念，都具有某种生命的起始、发展与结束，羊磴艺术合作社这样的项目同样存在一个时间的概念，但是对于这样的羊磴艺术合作社本身，焦兴涛团队更多的是以一种"任其生长""随遇而安"，不特别预设目标的发展方式持续至今，羊磴艺术合作社虽然不断地以潜移默化的方式悄然改变着，但持着这样的一种方式，来践行"有方向没有目标"的宗旨①。

---

① 本节文字根据以下文献整理而成：焦兴涛.寻找"例外"——羊磴艺术合作社 [J].美术观察，2017（12）.

"乡村木作"是2012年冬羊磴计划的首个项目，它是由四川美术学院的艺术家焦兴涛、张翔、崔旭、杨洪、陆云霞、娄金和羊磴镇的木匠梁明书、郭开红、娄方云、谢志德、冯于良组成的五组"一艺一木"的十人团体。每一组的木匠和艺术家各自从家里、小镇街道中选择一件木制品，根据各自小组的意愿，协商完成一件件作品。

云 南

4.22 景迈山计划（2016~2018）

核心问题：景迈山，拥有着世界上年代最久、保存最好、面积最大的人工栽培型古茶林，千百年来，傣族、布朗族、哈尼族、佤族和汉族共同居住于此。其中，翁基和糯岗两个村子的村落环境和建筑风貌保存得最好，糯岗是傣族聚居的村落，翁基是布朗族的聚居地，在中国传统村落中属于上品。景迈山虽以普洱茶闻名天下，但景迈山有着更为丰富的自然人文资源，期待着有识之士去挖掘、整理和展示。

引发机制：2012年，景迈山入选《中国世界文化遗产预备名单》，景迈山是云南省澜沧县景迈山古茶林保护管理局的委托项目。左靖团队承担了申遗项目中的一个子项目，即为景迈山及其范围内多个村落进行田野调查、展陈出版、空间利用与产业转型升级研究等工作，为景迈山及其范围内多个传统村落进行展陈策划、建筑与空间设计和经济研究等工作。

社群主体：策展人左靖及工作室，驻村艺术家、建筑师、摄影师、导演、设计师，当地居民。

操作模式：从2016年底起左靖带领包括他在内的一个由策展人、艺术家、建筑师、摄影师、导演、设计师等专业人员组成的团队开始了"景迈山计划"，项目整体上以文化梳理为基础，内容生产为核心，服务当地为目的。他们通过田野考察来了解该地区的人文与自然生态、村落布局和居住空间，节庆风俗和日常生活，以及当地的经济模式等。他们也像社会学家一样对景迈山上14个传统村落进行具体的调查和统计，并用绘画、摄影和影像等方式记录当地民风、民俗、民艺和宗教信仰。在进行实际的地方营造时，他们选择了翁基寨作为工作的起点。2017年10月该项目的首次展览"今日翁基"在景迈山翁基村开幕，展馆就由村里一幢不到112平方米的民居改造。2018年在"华·美术馆"举行了"另一种设计"展，是"景迈山"项目在驻地近两年后的城市首展，整个展览以绘本、摄影、视频、图解、实物等形式，介绍了景迈山的生产生活、节庆风俗、建筑空间、日常用具、自然生态、茶叶利用及其背后的风土哲学。同时还呈现了团队在景迈山进行建筑设计、室内改造、空间利用与产业转型研究等多项工作的进程与成果。而展览的另一部分重要内容，则是艺术工作者驻村创作的"作品"，左靖采用一种类似导演和编剧的方式集结了很多不同门类的艺术家、设计师和建筑师来景迈山做驻地创作，形式包含摄影、视频、装置、概念与印刷品等。

空间效应：景迈山正在进行传统民居的保护与更新利用尝试，在翁基，规划有首批6幢民居将被改造并植入文化展陈、生活服务和社区教育等功能。左靖工作室用绘本、图表、摄影和影像等当地人容易接受的表现形式，通过展陈让村民，尤其是孩子去了解自己村寨的历史、文化，通过这种方式来实现乡村教育的功能。此外，通过近距离的接触挖掘当地人的力量。景迈村寨不同于内地的一些空心村，比如芒景村和景迈村都是人口净流入村，各类人才不断向景迈山集聚，村寨的生产和生活充满活力。农民收入较快增长和农民企业家群体的形成，不仅增强了农民的消费能力，也让农民更有余力和能力参与管理村级公共事务。这使得工作室团队打破了最初的一些预设，不断调整工作方向，在工作过程中不断增强村民的参与度，某些方面让村民来主导，展陈的内容也随着本地的发展共同"生长"。"今日翁基"展和以后在景迈山展示中心的"景迈山"展，都是可以不断进行更新的，工作室团队希望能一直跟踪该项目，和当地政府、村委会和村民一起协商，发展出一种可持续的模式。

我在展览前言里写道，"（展览）把这本景迈山地方的'乡土教材'带到城市；在针对城市观众方面，我们'放大'了艺术工作者驻村创作的作品，来传达一种他者的建构，其中包括通过他者来凝望'自己'。我们想呈现这样的景迈山：不是一个用来缅怀过去的标本，而是一个有着明确方向，并充满蓬勃生机的地方。同时，展览还试图揭示在全球化进程中，地方性在意义和内涵上，如何发生了一些微妙且被明显感知的变化"。

——策展人　左靖

甘肃

4.23　石节子美术馆（2008～）

核心问题：近年来政府一直在关注农村，关注三农问题、新农村建设问题、精准扶贫问题，这些问题的解决是很缓慢的，还没有从文化艺术上去研究及实践，这样艺术家才有了机会，艺术家自身也在不断的反思，艺术还能够干什么，让艺术与村庄、艺术与村民才有可能发生关系。

引发机制：艺术家靳勒是土生土长的石节子人，他靠着自身顽强的生命力和激情，从这缺水贫瘠的黄土沟走出去成长为一名艺术家及西北师范大学教师。2000年他来回奔波于北京、兰州、石节子三地，热闹的都市与安静的村庄反差大，艺术跟村庄没关系，当时想着发生点什么，但怎么发生并没想好。2008年村民拥戴他成为村主任，决定成立石节子美术馆,把整个村庄作为美术馆,每年不定期举办艺术活动,请艺术家、策展人、批评家来村庄与村民交流,有机会让村民走出村庄,了解城市。

社群主体:创立者靳勒、艺术家、石节子村村民。

操作模式:石节子美术馆是国内第一个乡村美术馆,其宗旨是尝试通过艺术的方式改变村庄。这是一个特殊的美术馆,由整个自然村庄的山水、田园、植被、树木、院落、家禽、农具、日用品及村民构成;观众看到的和感受到的都是艺术的一部分,六十多人十三户村民八层阶梯状分布构成十三个分馆。石节子美术馆每年不定期地举办不同类型的艺术活动,石节子村村民与周边村民参与艺术、介入艺术也分享艺术;村民与艺术家的交流带来了不同凡响的碰撞,给村民创造机会走出村庄,培养农民艺术家。更多人因为艺术的魅力走进村庄,发现村庄;村庄令艺术更生活,艺术让村庄更美好(图4-59、图4-60)。

空间效应:石节子美术馆是植入黄土地上的美术馆,成为以展示、研究、收藏村民生活与艺术作品为主的村庄综合艺术博物馆。近十多年的时间里,因为艺术的介入,石节子人经历了由闭塞到外界刮目相看的转变,将艺术家所认知的有限的信息与艺术分享到村庄,让村民有机会与艺术、艺术家发生关系,面对面交流,提供可能去大都市考察,有所思有所想,重新认识自己,减小差距,逐渐消解身份,让更多的人来关注村民,来改变村庄,为新农村建设提供一种新的可能性。美术馆的成立使村民重新认识了石节子村,也重新认识了自己,越来越多的外来人来此参观学习。艺术和村民的问题一直在延续,村民通过艺术重新认识他们的自尊、自信、生活方式及生活环境,此外,还有持续进行的艺术介入改造:2015年5月,石节子美术馆与北京"造空间"合作的"一起飞——石节子村艺术实践"计划,邀请了25位(组)艺术家和25位村民一对一的合作,在村庄完成他们确认的方案,做什么由艺术家和村民决定;与西安美术学院雕塑系进行合作,通过公共艺术专业课程来村庄上课,利用村庄的材料、环境,让学生把学校所学的专业知识与村民的生活相结合,探讨公共艺术在村庄的可能性;在朋友帮助下申请了德国大使馆基金,为一户村民家联合建造淋浴及改造厕所的项目。

图4-59 石节子美术馆入口

图4-60 石节子美术馆作品

香　港

4.24　"艺术巴士：走入社群！2012"（2012）

核心问题：现在在香港城市中行驶的巴士几乎无一例外地在刊登着各种广告，商业的、政治的、公益的……而其中多数为商业广告，它们带给港人很多信息、很多资讯，但是缺乏纯净与快乐的艺术信息与公众分享。这些广告穿梭在大街小巷中，在宣扬着层出不穷的消费观念，在挑逗着人们的物质欲望，却在消解着另外一些生活追求的内容与意义，例如艺术。

引发机制：此前，深圳艺术发展局与香港电车公司也举办过"艺术电车：梦幻游乐场设计比赛"，引发了全港247所学校学生创作他们心目中的"梦幻游乐场"。香港地铁艺术计划也采用小区参与和公开征集的方式，让居民参与到地铁艺术的创作之中。与在地铁这种缺乏空间参照物的地下空间内进行艺术创作不同，巴士"巡逻"在这个城市的蓝天之下，穿梭在大街小巷之中，它所需要的不是在生硬单调的空间中制造出艺术的气质，而是需要在纷纷扰扰的社会中制造宁静与美好。艺术家都佩仪正在进行一项名为"香港社区艺术"的研究，从2009年以来，她采访了30多位香港本土艺术家，这些人有些已经尝试策划过一些社区艺术，有些是直击过社区艺术的过程，但都佩仪听到的共同的声音是，艺术在香港很难推行，仅靠任何一个艺术家的力量都是艰难的。于是，有了这个"艺术巴士"计划。

社群主体：香港教育学院、新世界第一巴士服务有限公司、城巴有限公司、香港艺术家、教育从业者、社区居民。

操作模式：艺术巴士走进社群的系列活动一直持续了9个月，包括全港中小学生"绿色城市巴士车身设计比赛""艺术巴士设计工作坊""校园巡游""医院探访""获奖作品展览"等。与广告不同，艺术巴士避免了文字的感染，在巴士不同的角落有不一样的故事叙述，以避免车身面积过大、车速过快时，视觉上出现"猝不及防"。艺术巴士的介入，让市民能充分地分享纯净与快乐的艺术。

空间效应：由于巴士经常在街道中出现，并且与公众关系密切，从学校教育、社区教育层面改变民众对艺术的认知，鼓励本土艺术创作，并且将一些正确的信息带给民众。"香港社区艺术"项目研究开始专注于社区艺术发展，与其把艺术品放在博物馆、画廊里等着人来看，不如把艺术品就放到民众的生活里，化被动为主动。

澳门

4.25 澳门光影节（2015~ ）

核心问题：在澳门不同区域景点，通过光影艺术传颂澳门的多元文化和动人故事，展现出澳门特有的地域文化。

引发机制：澳门光影节是澳门文化局、旅游局在2015年创办的，其目的是希望吸引游客到澳门更多的区域游玩，让其通过光影节来了解澳门的历史和文化，从而达到延长游客逗留时间、增加商户收益的目的；进而推动澳门文化产业的发展，培养本地的文创人才。

社群主体：澳门旅游局、澳门跨领域创作人与艺术家、澳门民众、各地游客。

操作模式：2015澳门光影节以"光影奇缘"为主题，以蝴蝶仙子与小精灵的澳门奇遇为主线，分布在11个著名景点进行，其中有多个世界文化遗产景点，活动由光雕表演、灯饰装置及互动游戏3个部分组成（图4-61）。2016澳门光影节以寻找"光之秘宝"为主题，邀请市民和旅客担纲"勇士"，寻找妈祖遗失的7颗能量宝石，适合一家大小参与，新增的手机应用程序"光之秘宝"涵盖活动之路线图、节目表、主题游戏、最新资讯以及自拍功能等，并设有繁体中文及英文版，供公众免费下载（图4-62）。"2017澳门光影节——爱满全城·爱在路上"，将透过光影艺术传颂澳门的多元文化融合，以及娓娓动人的历史故事，宣扬爱的精神（图4-63）。"2018澳门光影节——时光澳游"以时间为主轴，结合澳门美食、人文、建筑和文创等元素，展现澳门中西文化交融的精髓，刻画澳门人的成长印记及回忆，带领观众展开一场奇妙的"时光澳游"之旅（图4-64）。在澳门回归祖国20周年纪念日来临之际，2019澳门光影节以"寻光之旅"为主题，带来光雕表演、灯光艺术装置及互动游戏等，分布于4个区域的15个地点，让游客在澳门进行一场"寻光之旅"（图4-65、图4-66）。光雕表演队伍来自我国澳门、内地，以及西班牙、葡萄牙和日本，表演者在大三巴牌坊和圣若瑟修院圣堂上演精彩的光雕表演，呈现

图4-61 2015澳门光影节

图4-62 2016澳门光影节（五光十色的光影，触摸夜色下这座城市动人的灵魂）

图4-63　2017澳门光影节（圣安多尼教堂《生命灯塔》）

图4-64　2018澳门光影节

图4-65　2019澳门光影节（《时间记忆》）

图4-66　2019澳门光影节（《荧光涂鸦》）

澳门昔日的渔村风貌、中西交融的文化和回归祖国20年来的城市变迁。

空间效应：澳门光影节于2015年开始举办，至今已经举办五届，已成为澳门国际性年度旅游品牌盛事，历届澳门光影节内容创新丰富，除了光雕表演、灯饰装置及互动游戏外，还有系列活动，包括光影视觉艺术展、户外本土音乐会、户外电影放映及光影晚宴等，并将推出光影文创产品。澳门光影节充分利用澳门城市空间环境，表现澳门城市文化内涵，突出灯光艺术形式，以及集思广益协作创新。澳门的光影节虽然起步较晚，但是发展速度却是每年都有新的变化，而且创作团队由原来的合作，到现在的创作团队全部本土化，从效果上来看达到了培养本地光影人才的目的。

　　这座满载中葡两国婚礼文化的圣洁殿堂，是东西方人民生命之爱的代表。圣安多尼教堂"生命之塔"大型光雕表演，通过神圣光影，结合教堂事迹，谱写关于爱情与世人的故事，重现圣安多尼教堂昔日举行婚礼的盛况，以及当年火灾背后的美好传说。

　　由"1999"至"2019"年份的渐变，记载澳门回归20年的重要时刻，一起从数字的变化见证20年的回归历程。

　　发挥你的艺术细胞和想象，利用荧光笔在墙体尽情地涂鸦，创造属于自己独一无二的艺术作品。

台湾

4.26 新台湾壁画队（2010~2014）

核心问题：为台湾村庄斑驳的墙体、建筑、阶梯等披上彩色的"新衣"，不仅增添了乡村的艺术气息，还让偏僻的村落摇身变为热门景区，从而恢复旧村庄的活力，化解被拆迁的危机。

引发机制：台湾南部北寮村的村民希望让他们的社区焕然一新，新台湾壁画队从一家房地产商那里获得了资金，彩绘村的项目得以启动。北寮村项目始于2010年3月，用了近3年的时间完成了整个村庄的彩绘工作，描绘的是村民和他们的生活方式。

社群主体：发起人李俊贤、李俊阳，百位中国台湾艺术家，不同领域的专家，老村居民。

操作模式：新台湾壁画队（Formosa Wall Painting Group）于2010年在白屋成立，以"盖白屋"的创作形式，透过艺术家现场创作完成一间行动美术馆。由地方文化团体建立起认识当地文化的桥梁，再由专业人士挑出适合创作的地点，最后艺术家在现场开始创作。一道道白墙所组合成的临时性建筑化身为画布，和当地居民与土地进行对话，绘画出当下的台湾社会。迄今完成5次台湾移地创作，4次国际移地创作，18次社区创作计划，累计参与的国内外艺术家近300位，在五年的时间里，横越欧洲、日本，深入聚落遍乡，是当代艺术行动划时代的一页。

空间效应：在当下的台湾，城市与农村地区的平衡被打破，城市地区掌握了最多的资源，艺术作品设置时所需要的空间资本，往往会随着文化和经济政策的偏好集中在市区，而新台湾壁画队就尝试在传统聚落中恢复记忆中遗失的台湾壁画。通过"改造旧社区，留住老回忆"活动，原本无名的台湾小村庄，吸引了许多游客慕名来访。当地社区热心的阿公、阿嬷在家门口摆起茶水免费招待游客，充满着浓郁的人情味。如今，在台湾，一座座彩绘壁画村已成为许多农村社区重新再造的宣传方式，但有别于利用动漫人物作为主题，结合当地昔日风景的彩绘村，更能让人了解台湾当地的文化内涵与过去的日常生活（图4-67~图4-69）。台湾壁画队的创作地点从工作室转向街头，深入较不受经济所影响的乡村，建立开放性的空间。随着基地迁移到台湾各处，每一次停留都是一次交流的契机，使得民众和艺术联结，产生对地域的认知和归属感。

图4-67 台南北寮村彩绘

图4-68　新竹县竹东镇软桥里东峰路3D彩绘　　图4-69　沙鹿美仁里彩绘村

4.27　日常民房（2009）

核心问题：王子大道位于中国台湾地区嘉义县，是一个为公共艺术、文化和娱乐指定的1200米的设计范围，意图向旁边的"台北故宫博物院"南部分院提供使用权。

引发机制："王子大道公共艺术项目"是一个为新艺术和文化区域委托制作6件永久公共艺术作品的项目，《日常民房》是梁美萍赠予"王子大道公共艺术项目"的作品。

社群主体：中国香港特区的艺术家梁美萍，中国台湾艺术家陈涂伟、陈政勋、王文志、许川石，以及嘉义县居民菲律宾的Dan Raralio。

操作模式：《日常民房》是用2000多块手工制造的半透明玻璃砖建成的传统房屋模型（尺寸为4米×3米×2.8米），这些砖里点缀着10块从亚洲不同城市收集来的红土砖。玻璃砖里包含着各种来自嘉义县当地人日常生活中的物品，包括玻璃粉、钥匙、鞋子、玩具、旗帜、厨房用具、私人所有物等，所有的这些物品都是由居民捐献出来的。这所"房子"没有屋顶和窗户，自然地向天空开放，视觉上可以跨越天际线，和建筑的其他空间形成明显的对比。这件作品已经被阐释为"记忆的沉思"，从个人和家庭那里收集来的手工艺品所形成的文化记忆，就像一个时间锦囊，不到预定的时间之前不会被看到。它作为一个在特定时间、特定场所中的特有历史被收集到一起。

空间效应：《日常民房》邀请观众来了解物质文化，它激活了它所位于的公共空间，所有的物品在公众与它相视的刹那间得到了应有的交流与感触。这些物品平凡的本质以及这项规模巨大的工程是非常引人瞩目的，因为它们体现了关于制造文化记忆的一种不同的组织逻辑。它们反对中国台湾地区大多数博物馆以及历史上委托制作的众多公共艺术作品的收藏实践，因为那些都倾向于等级森严的组织，配备专家管理者以及名人的意愿，以此来决定藏品的内容。后者的逻辑产生了伟大而富有名士的历史（文化记忆），不同于前者的逻辑而产生出了所谓平民的记忆。《日常民房》作为一个社会和艺术的实验而受到称赞，是因为它在公共艺术中优先考虑了公众的做法。

4.28 新化社区营造协会社区活动（2012~2013）

核心问题：新化是一个充满人文风情的地方，尤其是老街历史区域，如何推广当地的历史文化获得在地民众的地方认同成为问题。

引发机制：2012年，新化社区营造协会考虑通过活动来唤起民众参与环境营造的意识，而计划举办类似化妆舞会的踩街活动。通过这样的社群参与活动，除了能推广地方文化，也有机会凝聚在地民众的地方认同。但协会当时没有足够的预算举办踩街活动，协会总干事许明扬于是提出制作祈福灯笼，在武德殿前方广场搭起灯笼墙，邀请关心地方发展的在地店家、企业与民间人士认养捐款，每个灯笼认捐1000元新台币，共制作了300个祈福灯笼。于是灯笼墙作为活动的序幕，成为一种民众参与公共艺术形式的存在，象征了民众对地方发展的期待，踩街活动也获得足够的经费得以举办。

社群主体：新化社区营造协会成员、在地民众。

操作模式：2013年，新化社区营造协会以环保绿色文创为出发点，创办"郡九街庄"绿艺市集，市集贩售当地特色农产品、老街主题明信片、包包等手作创意商品。市集举办地为武德殿前方广场，没有树木遮阴，民众反映这个地方太热了，于是协会在脸书（Facebook）上回应"那我们来搭伞吧"。一把伞很孤单，但如果是社群参与力量就会很大，因此协会发起为期一个月的群众募伞活动。许多人的家里都有旧洋伞，回收不但能让资源重生，且"逛市集时能看到自己的伞为大家遮阳"，成为创作的出发点。数百把二手洋伞构成大棚架，使民众无形中成为公共艺术的创作者。民众看到"属于自己贡献的那一部分正在成就一个地方"而得到的参与感，使公共艺术的在地价值开始通过社会实践被重组，于是民众参与再次成就了新化社区营造的活力。

空间效应：通过民众参与环境改造的方式，将社区的脏乱点改造成为说故事交流的地方，是一种典型的通过社区营造，以民众集体生活经验进行艺术文本生产，达到地方认同与文化推广目标的案例。

4.29 树梅坑溪环境艺术行动（2012）

核心问题：树梅坑溪原本是人们赖以维生、不可或缺的水源，但随着工厂进驻、大楼林立，溪流的存在日益受到威胁。人们贪恋都市化带来的便捷，却渐渐遗忘树梅坑溪曾带给竹围社区的单纯美好。

引发机制：树梅坑溪环境艺术行动表面上借着带领居民重新认识树梅坑溪，实际上是要激发人们去思考人和环境、人和土地、人和人之间的疏离感，它不仅使当地居民重新意识到树梅坑溪一带环境的重要性，也引起台湾当局的注意，反省现代都市化对地方可能带来的冲击或破坏。

　　社群主体：发起人吴玛悧、在地公众。

　　操作模式：2012年开始，该行动通过跨领域的合作与各式各样的活动参与，使居民透过实践来反思周遭环境，其中，"树梅坑溪早餐会"是每个月选出时令蔬果让大家享用，既可以增进对彼此的了解，又可以透过对水和环境的讨论来唤起社区意识。行动也扩及到校园中，"我校门前有条溪"和"在绿地生活——与植物有染"活动邀请艺术家进入校园，鼓励学童以多重的感官来认识家园，并运用当地自然资源让学生体验绿生活。"村落的形状——流动博物馆"活动通过设置流动临时作品，提倡都市生活中的村落感，强调田野园地的回归、废弃物再利用、手工的温度和交换的情感流动。"社区剧场"则邀请地方大人、小孩参与，以肢体表演的方式，表达出竹围的记忆。

　　空间效应：发起人吴玛悧长期致力于透过文化行动带起民众对公共议题的关注，而"树梅坑溪环境艺术行动"即是其中的一个成功案例。它不仅使居民重新意识到树梅坑溪一带环境的重要性，也引起台湾当局的注意，反省现代都市化对地方可能带来的冲击或破坏。在为期一年半的过程中，民众从冷漠和疑惑，渐渐转成积极投入，计划的影响深入民心，造就超乎预期的广泛回响。计划从艺术出发，居民的向心力在计划中被启发，牵起在地民众和艺术家的连接，为地方打造一个量身定做的活动内涵，开阔了艺术的视野。

　　在本章中，笔者共计整理归纳了29个中国社区新类型公共艺术的相关案例，跨越了北京、河北、山西、上海、江苏、安徽、浙江、福建、湖北、湖南、广东、重庆、四川、贵州、云南、甘肃、香港、澳门、台湾等19个省、市和地区，时间跨度从2007年至2019年，其新类型公共艺术项目涉及了社区参与、公众参与、关注生命、心理疗愈、地方重塑、生态环境等不同视角（图4-70），虽然不能说是完全统计，但基本涵盖了新类型公共艺术的内涵，仅供相关艺术家和设计师参考，疏漏和不足之处，敬请谅解。

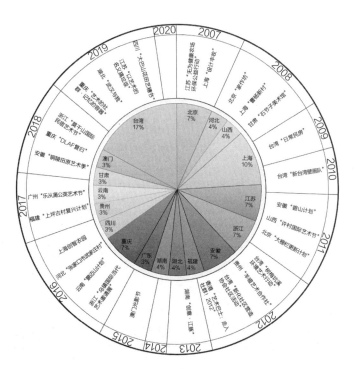

图4-70　2007~2019年中国社区新类型公共艺术案例

第 **3** 部分

可持续发展的社区
新类型公共艺术模式建构

第 **5** 章　新类型公共艺术
介入社区营造的路径

全球市场化从根本上改变了数百年来人类与文化景观建立起来的功能关系。列斐伏尔指出在资本主义制度下，"空间中的生产"已转变为"空间的生产"，全球市场化之下的城市化进程抹除了地域之间的空间与时间差异，地域性与场所精神在此过程中被摧毁。当今社区发展面临的主要问题便是社区建设的同质化及场所精神的缺失，千篇一律的高地标、宽马路和大公建等让人们难以对社区产生归属感，社区也失去了自我独特发展的动力，社区发展需要一个全新的媒介来营造社区价值。与此同时，在城市化进程中，随着物质文明与政治文明的不断发展，人生的价值与意义问题越来越多地被转移到都市人的精神、心理与情感方面，城市的发展已进入都市美学时代，都市美学实践对城市价值的提升具有越来越重要的作用。艺术介入在这一背景下应运而生，其试图打破专业和行业的壁垒，以全新的视角推动城市发展。由此，艺术作为一种展现人类情感和意识沉淀的过程，开始介入社区营造，与社区共同发展。

2014年3月，我国国家新型城镇化规划（2014-2020年）发布，明确提出建设有特色的文化设施和休闲设施，创造和谐宜人的城市生活环境，发展有历史记忆、文化脉络、地域风貌、民族特点的美丽城镇，这些给新类型公共艺术发展和社区营造提供了良好的契机。具有特殊文化精神和地域风貌的城镇，主要是通过具有时间维度的人文艺术、历史文化、自然环境，以及以街道、广场和社区为单元所连接的具有风格的聚落等，才能完整地呈现一个城镇的个性。一个城镇的灵魂，来自于其自身独特的形象与深层文化内涵的展现，新类型公共艺术更广泛地介入到居民生活、私人空间乃至社会议题等领域，以艺术作为沟通媒介促使民众参与互动，共构社群的文化认同，开拓了艺术与生活、城镇与社区对话的新视野。城市的发展过程，也是人们不断追求舒适宜居的生存环境的过程。在城市不同的历史发展时期，人类都以不同的方式进行宜居性生活环境的营造。

近年来，社区营造日益成为学术界人士乃至社会公众普遍关注的热门话题。所谓社区营造，一般是指充分发挥社区居民的主体性，通过彼此的协作进行各类硬件设施或文化、社会关系等软环境的建设，共同解决诸如商业振兴、社区活力、特色文化、环境保护、养老育儿、健康促进等社区生活普遍存在的各类问题，并在解决问题的过程中逐步培育出居民的公共意识以及建立彼此间和谐信任的关系，最终形成一个可以充分应对未来各种挑战的共同体。

5.1　社区营造的理论基础

社区营造的相关概念最早出现在20世纪30年代的英国的第二故乡运动。英国是第一个走出工业化时代的国家。相对应的，在美国出现的是社区新生（Community Revitalization）或邻里组织（Neighbor Organizing）的运动，在中国台湾将其译作"社区营造"，到了中国香港则直译为"社区活化"。我国一直都有社区建设的概念，还有从学术界的治理理论出发提出社区治理的概念。社区治理不仅包括由上而下的基层政权的领导，还涉及社区居民由下而上的自组织，社区公共事务的集体协商决策，社区空间的共同规划，社区生活的共同塑造，社区特色的营造与社区认同的培育，社区经济、文化、商业等方方面面的发展，尤其在全球化、信息化的冲击下，在人类共同面对的环境危机下，这些都对社区治理提出了更多更新的挑战。社区营造所涉及的理论基础庞大而系统，主要包含以下三个维度：社区制度环境维度、社区软件环境维度、社区硬件环境维度。具体内容如图5-1所示：

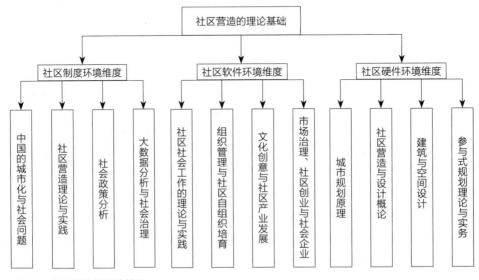

图5-1　社区营造的理论基础

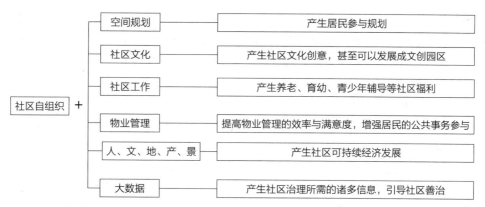

图5-2　社区自组织理论

社区营造是一门专业，提供了专业技能以促成社区善治，其核心理论来源于治理理论（Governance Theory），尤其是社区自组织（Self-organization）的理论（图5-2）与实务。社区营造的发展是建立在社区自组织之上的，"社区自组织+空间规划"就有了居民参与规划；"社区自组织+社区文化"会产生社区文化创意，甚至可以发展成文创园区；"社区自组织+社会工作"能产生养老、育幼、青少年辅导等社区福利；"社区自组织+物业管理"可以极大地提高物业管理的效率与满意度，也会增强居民的公共事务参与；"社区自组织+人、文、地、产、景"的产业应用就有了社区可持续经济发展；"社区自组织+大数据"更能带来社区治理所需的诸多信息，是社区善治的必要方法。

5.2　社区营造的实践发展

19世纪末期，西方各国开始进行社区运动，其中涉及社区营造和社区发展的概念主要有"社区建设"和"社区发展"等。在这个时期中，英国、美国、法国等国家为了培养公民的互助精神，实现良好的自治，开始推动"社会发展"运动，进行了一系列的"社会设计"和"睦邻运动"。通过开展这些运动，西方各国希望运用政府力量来将民间资源和社会力量运用到社区发展中去。日本政府在 1960 年年初提出了"街町营造"（まちづくり），它的概念和美国"社区设计"相似，是日本政府结合其独特的地域环境而设计出的一种治理模式。在几年后，日本经济进入一个高速发展时期，城市化进程日益加快，带来的资源问题越来越突然，当时的日本公民自发开展了一些运动，而社区营造就是该时期日本最流行的社区保护运动，其是以日本公民为主导，以振兴日本经济、保护传统文化、改善地方环境为最终目的的运动。

1994年，我国台湾地区提出了社区营造的概念到现在已经发展近30年，直至2005年推出了台湾健康社区流星计划，有60项子计划超过100亿元的预算。2008年推出了《农村再生计划》，一直以来资源的挹注和预算的编列为社区营造奠定了稳固的基础，提出社区营造以公众参与为核心，重新构建社区生活共造美好社区，倡导居民亲身参与突出符合自身需要的社区功能及空间，通过社区改造的手段来保留传统，其用了近十年的时间明确了社区营造的目标并非建筑工程的重造，而是要营造社区感改善人与人之间的关系、拉近人与环境之间的距离。

在我国大陆地区来说社区营造也处于起步阶段，现今所实施的策略更多的是社区建设。20世纪80年代初，我国学者提出了"社区建设"，它指的是以社区服务为基础的基层建设，主要目的是改善社区服务水平、提高公民受教育程度以及改良社区治安等。但是"社区建设"的发展模式和"社区营造"模式有很大区别，其建设动力主要来源于政府的扶持和倡导。相关的实践形式多样，有政府和社区各自发挥作用，共同促进文化遗产保护和社区建设，如北京的"清河实验"、北京大栅栏地区旧街道的社区建设、浙江嘉定的社区营造、苏南太仓社区建设，也有修补城市规划和实现社区微更新的实践，如重庆大学在地开展的一系列社区更新研究和艺术实践；有发动社区群众共同参与社区公共事务，培育"社区感"的实践，如中山大学的"美好环境与和谐社会共同缔造"的主题活动，宋冬的《无界的墙》；有根植于社区，探索城市发展新模式、优化空间新技术，并激发社区营造新活力，完善社区治理新体系的实践，如上海的社区营造博士和四位建筑师共同成立的大鱼营造进行的长宁新华路街道的美丽街区计划、美丽楼道计划和微直治计划等。

案例：大鱼营造

在社区更新中有三种力量，一种是政府行政主导的，以解决老旧社区生活痛点、提升人居品质为目标的力量，这种力量往往与社会治理相结合；另一种是市场的趋势，一些存量资产开发/运营公司，以承租—改造—经营的模式，将过去衰落的空间或单一的场景向更有内容和体验性的场景转换，并融入社区服务的功能；除此之外，还有第三种力量也加入了"空间生产"，以创新型的社会组织深耕社区社群的个体小商业，以及市民自组织等"草根力量"为代表的一种民间发起、自下而上的力量。

大鱼营造就是基于社会更新的第三方力量的思考所成立的社会组织，它发起于五位青年跨界设计师的联合体，又随着组织发展逐渐形成核心团队，其核心工作涵盖参与式的社区规划、空间设计、活动策划、媒体传播、空间运营等。大鱼营造以不断发起公众参与、链接多方协作、孵化创新项目的方式，主动切入城市更新中的可持续性课题。"2018美好新华——城事设计节"通过造节的事件激发并吸引了上海万科、东风等企业的资金，这些资金与政府原计划的资金叠加，又通过AssBook媒体平台邀请到22位优秀的一线青年设计师参与设计。微更新的选点综合考虑了课题代表性与问题突出性，包括一条背街小巷（番禺路222弄）、一个街边口袋空地（香花桥小区活动室外空间）、一个老建筑的适老化改造（敬老邨7号楼）、一个老公房小区的系列公共空间提升（新华路669弄弄口传达室、样板楼道、垃圾厢房、小区绿地）和一个街区绿地（安顺路绿地）。"城事设计节"不仅推动了8个改造点位的落地，同时以一场"城市更新×社区营造"的跨界论坛引发了一场政府、企业、专业者、居民都关注的知识传播。其中新华路669弄是大鱼所扎根的社区，大鱼营造利用"城事设计节"推动改造的"弄口睦邻微空间"，在继续申请公益创投经费用于迭代维护空间布置的同时，继续组织了链接社区居民的活动。他们用了近半年的时间深访了社区中的16位居民，以老人、壮年、新上海人的不同身份在社区发展历史脉络上做口述史的工作，并推出《我们住在六六九》主题影像展。他们渐渐看到，社区的每一个居民都不是被年龄、时代、社会身份、政治面貌所标签的脸谱，而是一个个鲜活血肉的个体。在番禺路222弄，改造后的"小粉巷"仍然存在着卫生问题和非机动车乱停问题。"公地困境"的问题背后，是各方对外部管理的依赖与对过去空间资源争夺模式的延续。为了重塑积极的集体场所记忆，大鱼营造又在后续的社区营造中有意识地利用这些点位来发起活动，诸如2019年元旦的新华路街区美好社区节，先后邀请周边街坊邻居一起为花箱种植植物、一起参与市集活动。其中一个有趣的行动是利用市集聚集效应，发起的"劳动最光荣"扫地快闪，参与快闪的年轻人事先与周边居委、商户、环卫工人沟通借用扫把，绑上小红花，然后在市集快要结束时，在音乐的指挥下一起扫地。关键并不在于扫地的结果，也不在于快闪形式的噱头，活动的深意在于一头一尾借用扫把和还扫把过程中的沟通，并非是用管理式的说教要求商户们爱护门前的卫生，而是用有趣的行动埋下一颗种子。新华路街区的街坊群变成了一个非常温暖的社群，这里汇集了生活在街区的设计师、艺术家、店主、宝妈、生活方式倡导者，更多的是对这个街区有感情的居民。随着街区社群不断积累，逐渐裂变出非常有趣的小群，诸如市集群、共餐群、手作群、亲子教育群等（图5-3）。有了社群的基础，信任也逐渐重构，很多街坊想要尝试发起的行动也都更容易发生，甚至出现了很多社区友好商户主动与街坊共享资源，甚至为街坊打折。新华路的"城事设计节"和持续社区营造计划体现了政、企、民协作的一系列创新点，这是一种民间发起、政府赋权、多方共建的新模式：媒体撬动社会资金与社会跨界专业力量介入，形成了灵活的资金池和专业者群；在地团队的建筑师和艺术家通过社区营造发动公众参与，并持续开展以年轻能动力量为主力的街区活动。以上这些因素使得该社区营造计划开展与实施完成度很高，在成本控制上也十分经济。该项目的前期社群凝聚与土壤培育、参与式的设计过程和持续运营的过程，很大程度上展现出了在地内生力量的能动作用①。

---

① 该部分图文资料根据大鱼营造何嘉《从更新到营造，从营造到创生》整理而成。

图5-3　上海新华路美好社区节

5.3　社区营造工作的介入方法

　　社区营造工作的乐趣在于一直都能保持新鲜感，每次工作有不同的主题和背景，也会有不同的合作对象，一直会有学习的素材，也一直都会迎接新的挑战。在社区工作的过程中会不断接触到有新思想的人，也有机会更深入地了解这个地区的生活与社区的形成方式，随着更多的人加入进来，居民对于社区的归属感也得到了培育。近年来艺术家和设计师也越来越多地参与到社区营造的工作中去，从目前参与的方式上来说，有大家共同关注的环境问题和生态设计，有社区公共空间的微更新，有邻里共同参与的公共设施设计，有共同策划和实施地区节庆活动，还有共同协作完成艺术作品、重塑地域特色的活动等。如今，"艺术介入社区"的实践与理论越来越得到政府和学者的关注，尤其是新类型公共艺术（Genre of Public Art）在艺术领域中引起多种讨论，这些创作及展览的行动和艺术家独立完成的创作及传统的公共艺术不同，这类创作是针对社会问题和社区空间、公众的创作。苏珊·雷西（Suzanne Lacy）是新类型公共艺术的界定者，她以复合式的表演，触及强烈的社会议题，并且以一种在地创作的方式让当地民众得以参与，她所研究的是艺术与"真实生活"如何交互作用，她的艺术与著作重在彰显一种运动精神，动员观众参与其中，并且认为艺术家的角色在于塑造公共议题。新类型公共艺术不仅通过其在公共设施、建筑物和公共空间中的艺术表现形式使公众感知周围的环境生活，而且传达出区域文化价值和增强地方认同感。

社区营造的工作方法一般在外来社会组织进入社区时使用，同时也鼓励社区组织在自我组织活动过程中使用，也可以作为动员居民参与社区公共事务的方法来用。很多社区营造界的实务工作者提出过介入方法和手段，但将社区营造方法总结和归纳最完整的是台湾的曾纪平老师，这些方法在社区营造领域被广泛的学习和使用。社区营造就是要把社区资源看作是一种整合发展。一般来说，社区资源分为居民、当地的文化和传统、地理环境和优势、当地产业和当地景观环境等。艺术家或设计师要介入社区营造，就要掌握全面的社区资源，从这五个方面去介入，虽然每个社区条件不一样，做法也不一样，但是万变不离其宗。以下50条方法路径（图5-4、图5-5）是根据曾老师的研究进行整理的，在具体介入的过程中可以借鉴。

5.4　比社区艺术更重要的是连接人与人的关系

宫崎清对社区营造提出了"人、文、地、产、景"的5个向度，其中"人"的要素排在了第一位，是指社区居民在艺术环境氛围中能够认识到自身社区的价值，以艺术的形式表达社区的议题，并在社区活动中形成强烈的凝聚力和社区归属感。对于参与社区艺术实践的不同主体，涉及社区居民、社会工作者、艺术家、观察者等，他们开展实践的空间有不同类型的城市社区，也有广袤的农村社区，项目的时间跨度也不同，最终的项目成果形式也不一样，但是彼此之间最本质的对话是连接人与人的关系。社工师余长芳谈及肖家河邻里文化社的成长时，提出了社区艺术带来的是个人、组织、社区和社会的改变。该社区居民因为社区里成功举办了一次效果不错的妇女手工艺展览，获得了其家庭成员的支持，于是他们开始积极宣传自己，给政府汇报工作成效，慢慢学会怎么和政府合作，此外在组织的发展方面，他们能考虑到更多的因素，会用平等合作的关系来对待，考虑到成本和资源。从社区层面来说，邻里文化社打破了原有社区之间边界的格局，更好地在不同社区之间协调工作。最初开展的社区文化活动，从演出地点、演出节目中反映了社区边界的区分，通过各种公共事件让邻里文化社的成员逐渐以集体团队的利益为主体，有共同的集体感和荣誉感，这种改变也是从个人到集体逐渐凝聚的过程。社区艺术活动的持续发展，让邻里文化社成员形成了组织发展的意识，进而带来的不同是自我的改变，是人与人关系的改变。他们开始慢慢去培养一些以前看不起的人，尊重并接纳他们，给他们积极提供社区文化艺术活动的舞台。

1	居民要参与设计	引导居民自发参与，设计自己的社区
2	发行社区刊物	分享邻里间的故事，做社区的传声筒
3	社区读书会	聚集居民，聆听与交流，分享故事和观点
4	推行环保运动	人人都是环保者，个个都是主人翁
5	守望相助	居民自发保护自己的社区，增强归属感
6	社区的绿化和美化	发挥居民自发行动的积极性
7	开社区研习班	丰富社区生活，活跃社区人际关系
8	社区言论广场	开放的空间，自由的集体讨论
9	社区生态学习	保护生态环境，可持续社区发展
10	恢复传统祭典	恢复传统祭典
11	设置社区广告牌	居民自发保护自己的社区，增强归属感
12	街角观察游戏	观察社区，发现有趣的事物
13	撰写社区历史	社区寻根，见证历史记忆
14	社区宝贝地图	寻找社区各式能人
15	社区资源调查	挖掘社区文化资源，传承历史文化
16	私房菜	社区百家宴，幸福你我他
17	小学社区化	下课后对居民开放小学校园空间
18	社区交流参访	不同社区之间的互访
19	社区人生游戏	个人的生涯规划和社区进行连接（难度较高）
20	社区合作社	社区居民集资成立，开展土地活化和有机农业
21	跳蚤市场	交换闲置物品，资源再利用
22	开垦社区农园	都市社区的农场体验
23	设立口袋公园	充分利用闲置、偏僻的角落空间
24	传统游戏的复活	重新推广电子时代之前的小游戏，增加代际交流
25	设计活动海报	观察社区，发现有趣的事物

（NGPA介入社区路径参考）

图5-4 新类型公共艺术介入社区路径参考1

26	设计文化"宪章"	设计社区内的文化遗产标志，规范保护行为
27	地方工艺传授	传统手工艺的传承与创新
28	社区纪录片	记录社区的特色和营造过程
29	安全通学道路	"前方有学校，请减速慢行"，打造社区安全道路
30	社区寻访游戏	寻访社区内的公共部门，了解社区服务
31	溯溪探源	寻找社区的水系脉络，发现早期的历史文化
32	社区网页	宣传社区的文化、产业和社区营造的内涵
33	爱心妈妈联谊	帮助学校，帮助社区
34	社区五老五访	寻找社区里的老人，记录他们的故事
35	志愿者人力调查	调查热心并具有公益特质的人
36	创新社区节日	创立有趣味的、能让居民都参与的节日
37	招募爱心商店	做有公益心的社区店铺
38	制定景观条例	共同保护社区的景观
39	制定社区公约	共同的愿景，共同来遵守
40	社区小记者队	让孩子们关心社区发生的事情
41	成立社区剧场	爱好者的平台，休闲生活的乐趣
42	河川整治	尽社区的力量保护当地的生态
43	社区环境认养	通过不同的力量共同维护城市的绿化
44	成立社区联盟	不同社区之间的联盟，增强社区功能
45	托老托幼的服务	社会福利服务的社区化
46	恢复传统景观	既恢复生态景观，又恢复文化景观
47	定期社区清洁日	每家每户派代表，共同打扫社区
48	成立社区电台	关注社区的事情，交流居民的感情
49	假日社区导览	居民充当导览员，把当地的故事说给游客听
50	社区老照片展	感受社区的变迁，创造跨时间的交流

（左侧纵排标注：N G P A 介入社区路径参考）

图5-5　新类型公共艺术介入社区路径参考2

第 **6** 章　营造社区公众生活
与共享空间的模式

　　当前，在城市更新和存量发展的背景下，政府和民众的关注焦点由经济建设领域逐步转向社会生活领域，社区层面的规划设计以及多元共治更新获得了各界的广泛重视。党的十九大指出，中国的社会矛盾正在转化为人民日益增长的美好生活需要和不平衡不充分的发展之间的矛盾。城市社区作为人们生活的主要场所，这种矛盾特别明显。营造社区公众生活契合了当今城市和社会发展的主要方向，为解决美好生活需求和不平衡不充分发展之间的矛盾提供了新思维和新机遇。社区营造对社区生活来说，意味着在经济发展的基础上提升公众的生活品质，进而更好地满足公众在经济、社会、政治、文化等方面日益增长的需要，促进人的全面发展和社会的全面进步。社区营造的目的是恢复或重建社区的凝聚力和归属感，在营造美好家园的过程中构建社区共享空间，以实现社区的永续发展。

　　"公众生活"是人们在公共空间里发生相互联系、相互影响的共同生活。与家庭生活和学校生活比较，公共生活的领域更加广阔，内容更加丰富，表现更加精彩纷呈。从社会学的角度，公众生活的开展有其功能性，包括经济生产上的分工合作，也包括劳动力再生产所需的休息、休闲、互动和学习，进一步还包括政治参与所衍生的各种集会、结社活动。公众生活必然在特定的社会与文化条件下开展，它通常肯定、延续了该社会既存的规范，但在特定条件的支持下，它也可能以社会运动的方式冲击某些既有的规范而促成社会变迁。社区公共空间则是社区内居民共有共享的空间，是社区的核心和活力要素。伴随着城市居民生活水平和对环境空间要求的提升，传统社区的公共空间很难满足居民的多元物质和精神生活发展需求。而社区共享空间的微更新致力于在艺术与设计的视野下，通过社区营造和多元共治逐步实现社区公共空间的渐进式更新。此外，为形成常态化的微更新，需要自上而下与自下而上相结合，实事求是、因地制宜地制定地方政策法规和公众参与机制，从制度上保障微更新的常态化和有效性。同时，还要具有随情况和需求变化的快速调整和修正的灵活性，要有一定的"留白"。各地方的更新制度内容与形式可以是多样的。微更新正在成为全国城市转型发展的新举措，需要更加精细对待人本需求，尊重地方资源禀赋并建立长效行动机制。

6.1 新型生活方式下的专项规划策略

城市建成区土地空间资源紧缺，现阶段以存量为主的社区营造，针对城市社区现状新情况的呈现，需要以新的视角重新审视，以新的规划思路再思考。近年来随着私家车数量的大量增加，停车难的现象比比皆是，路边停车、机动车占用非机动车道路等现象屡见不鲜。共享单车带来便利的背后是停放无序，侵占人行道或者单元出入口空间，带来环境秩序紊乱问题。如今的电商平台覆盖了人们生活的方方面面，其衍生的物流配送、货物收发等均改变了生活方式和所需的空间配置。人口老龄化、二孩政策出台，社区人口结构已然发生改变，社区养老设施供给不足，老年活动中心建设不周，老年友好型设施欠佳。目前的专项规划缺乏社区特质引导，难精准规划，落地性差，使用率不高；公共空间的类型与数量未能满足社区需求，公众集会的场所类型少，既有的空间类型数量也不足；已建成的公共空间在规划设计上缺乏人性化的考虑，比如区位不当、空间过于封闭、对老年人和妇女儿童缺乏人性关怀；社区空间的独特风貌正在快速丧失，造成社区失去特色。加上社区空间普遍缺乏良好的管理往往造成使用矛盾，公共服务设施建设管理落后，不注重实际使用者（社区公众）的参与和监督。在新形势下，新型生活方式所需的社区营造应该以新的思路进行再思考。

可持续发展，采用弹性控制手段，适应新时期的社区更新

动态化设置配套设施，在已建成区域、空地上新增公共服务设施很难，往往是通过空间腾挪、功能置换、项目改造等形式完成公共服务设施的增量与品质提升。结合城市社区的功能整合、社区复兴等城市修补等举动，动态化适时调整配套设施，能更好地弥补片区内公共服务设施的短缺。同时，要坚持社区生态环境保育工作，使生态环境达到长久稳定，也是建设宜居社区可持续发展的重要一环。

精准规划，集合社区特质，根据公众需求及个性化配置配套设施与空间布局

控制性详细规划编制应以社区为单元，根据人口特征、路径可达性、空间可利用率等因素综合判断不同城市社区的配套设施类型、数量配比、空间布局关系，做到对应不同的服务人群，配套不同规模和功能的服务设施，建设方式也可以结合现状建设情况采取多种方式设置公共服务设施。比如文化设施，可以采用散点式结合书店、图书馆等项目布置，每一处面积不大，但是呈网络状遍布社区公共空间。

加强文化传递，创造社区归属感

充实城市社区基层文化，提供丰富的体育设施和场所，方便居民文体活动，促进居民交流。通过公共空间、社区风貌、社区边界等元素，强化社区的共同认识，增强社区归属认同感。传递社区历史文化，组织节庆活动，延续民俗习惯，结合社区人群营建相应的生活氛围，给不同社区确立鲜明的主题。

加强公共服务设施的建设管理

采用自上而下与自下而上相结合的方式。增强居委会与社区居民的广泛联系，在社区层面统筹各项公共服务设施配建、管理和使用，推进设施集中性复合化利用。同时，建立有广泛公众参与的公共服务设施规划建设监督机制，公共服务设施规划建设、性质改变、建设改造等行为应充分征求公众意见，注重从社区居民的实际需求出发，结合客观规律做到配为所需，高效利用。成立非营利组织参与规划，培养自我社区营造意识，建立相应的政策与鼓励机制。

6.2 公共空间与社区景观微更新

在新类型公共艺术实践中，在多元化模式之下通过艺术家、设计师、社区专业人员等进行社区公共空间微更新项目的策划、设计和组织，充分调动居民参与的积极性，凸显地方居民以及社会资源的价值。

随着我国逐渐迈入新型城镇化阶段，城乡规划建设在关注区域统筹发展的同时，也更加重视日常生活空间。"微更新"成为改善和提升人们日常生活品质的重要手段。"微"主要体现在对具体的人、街巷和社区的具体关照。中央城市工作会议以及联合国住房和城市可持续发展大会2016年倡导的《新城市议程》也充分说明了这一点。微更新首先涉及价值观念的转变，即将现状一切条件（包括人），视为珍贵的存量资产（Asset）。激活这些资产，使其产生最佳综合效益（Asset-based），必须尊重每一个"微"所具有的特征、需求和因地制宜的可能性。而社区是社会构成的基本细胞，社区是人们看得见、摸得着、与己密切相关的社会生活载体。社区微更新需要社区人人主动参与，形成良性运行的社区生活共同体。每一个社区细胞充满活力，我们的社会也就充满活力。让每一个社区充满活力，这本身就是一个社会培育的过程，需要足够的时间和智慧。因此，每一个社区微更新都可当作是社会培育的触媒。重庆大学建筑城规学院规划系黄瓴教授提出社区实践的微更新不仅要关注眼前，更要放眼未来：她认为在理解中国国情与国家制度背景下，需要从更长远的城市价值和意义来理解微更新的需求与行动。目前实践中采用的"更新规划+行动计划"模式比较有效。以重庆为例，城市中心区的社区人口密度高、空间层次丰富、网络状线性联系强等特征明显，但社区社会边界模糊，因此，识别社区价值，将社区和街巷微更新行动与更大范围内的片区更新发展相关联，从而实现城市区域整体更新就非常重要。社区公共空间微更新是一种多元主体参与社区建设与治理的方式，包含多个利益相关方共治的社区更新机制、设计、营建和维护管理。当前，社会治理模式总体朝向多元主体发展，需要研究社区和社群的结构、关联度和相互之间的组织协作模式，"共治"理念被推行并逐步应用到社区更新和建设中。

在城市建设与发展中社区公共空间是关系到民生建设重要的内容，而微更新具有更新对象、投入以及导向切入点微小的特征，是一种综合性的更新模式，包含创意、建造以及制作、服务管理等多个方面的更新与整合。城市公共空间微更新中要在政府部门指导之下，做好居民、企业以及社会组织的沟通交流，整合多个项目内容有序开展。在新类型公共艺术实践中，通过分析多方利益达到调动居民参与积极性的目的，要做好方案前期分析、维护以及管理等多个方面的内容，通过构建多元化方式可以为公共空间微更新工作开展提供支持与参考。现阶段，逐渐成熟的沟通模式主要有基于政府、开发机构以及社会组织三种指导模式。这种通过多个部门联合开展的模式之下可以汇聚社会资源，在多方共同努力支持之下实现微更新，此种模式更加全面有效。在多元化模式之下通过艺术家、设计师、社区专业人员等进行微更新项目的策划、设计以及组织，可以有效提升微更新效果，达到提升微更新效果的目的。

基于场所精神和社区满意度的持续建设，以新类型公共艺术介入社区景观微更新，达到美化人居环境、激活地区经济与传承地方文化、重塑地区向心力的作用。

20世纪60年代以来，日本通过《景观法》和景观行政团体开展景观社区营造，宫崎清提出了社区营造可以从"人、文、地、产、景"5个向度进行资源梳理与营造。在新类型公共艺术介入社区营造过程中，这五大类对应具体表现为："人"指人力资源。社区居民在艺术环境氛围中能够认识到自身社区的价值，以艺术的形式表达社区的议题，并在社区活动中形成强烈的凝聚力和社区归属感。"文"指文化资源。地域的文化以艺术的形式得以表达，增加居民的接受度和参与度，促进艺术与文化的交融。"地"指自然资源。艺术促进当地地理环境的保育并发扬特色，可建设成为特色基地。"产"指产业资源。当地产业与艺术的结合，促进产业的提升和运营，进一步衍生新的产业。"景"指景观资源。艺术介入社区公共空间营造，创造出优质的生活环境、独特的生活景观，提高居民的生活满意度。国内的学者也提出通过环境提升来促进民众关心环境视觉美感，推广环境美学。景观更新对社区营造的实现作用逐渐被关注。广义的景观定义突破地理学的概念，逐渐拓展到文化、社会学等领域，向整合人类生存的物质、心理、自然和文化维度发散。研究表明：景观会影响环境生态、身体和心理健康、经济价值、邻里满意度、场所精神、集体记忆、身份认同、社区归属感等，优质的景观对人类的福祉至关重要。社区景观更新的显著特征是"过程"而非"终点",具有进程性和可持续性,其本质是通过"造物"实现"塑人"的社区可持续发展进程。社区景观更新主要从美化人居环境、激活地区经济与传承地方文化、重塑地区向心力等方面对社区营造的实现进程产生作用。基于华盛顿马尔文·盖伊公园(Marvin Gaye Park)改造后对社区的促进作用,艾丽莎·罗森伯格(Elissa Rosenberg)指出通过景观修复后的可持续利用,将引出激发社区其他活动的可能性,从而实现社区可持续发展的目标。近年来,景观作为可持续发展的重要视角得到的关注日益增长,并且正在全球范围内进行推广,《欧洲景观公约》和《欧洲共同农业政策(2014-2020)》中,景观作为一种可能的新范式来建构可持续发展模式,以便在空间和时间上和谐地融合社会、经济和环境因素。与此同时,联合国《改变我们的世界——2030年可持续发展议程》进一步对社区提出可持续发展的要求,这将强化社区营造的进程性的特征,并将环境、物质、社会、精神等层面的发展过程纳入评价范围。面对存量发展背景下社区可持续发展的要求,景观更新正在成为社区营造的重要途径。

案例:北京老城社区公共空间景观微更新实践探索

采用环保的艺术装置形式,让艺术回到最真实的生活中去

　　微花园是北京老城一种典型的绿色空间类型,见缝插针分布在胡同街巷的各个角落,形成了胡同中特有的绿色景观。微花园面积虽然小,但数量庞大,在老城几乎司空见惯,反映出居民对环境的自发改造和改善。微花园研究和实践的核心思想是关注社区公共空间,提升老城居民生活景观。几年来,北京市城市规划设计研究院和中央美术学院建筑学院十七工作室的联合团队与在地居民一起进行参与式设计,希望通过设计和艺术的微介入,使这些"平民的景观"得到提升,同时保留其原有的质朴,改善老城胡同居民的生活环境。联合团队在对北京老城区微花园进行连续几年观察记录的基础上开始了参与式设计,以参与式社区营造活动、设计展览和设计工作坊为方法,带领居民一起进行微花园互动设计。在北京老城区里,利用旧物种植是居民普遍采用的方式,但在联合团队看来,这是一种非常环保又近乎艺术装置的做法,是来源于生活最真实的艺术形式,于是在居民原有自发花园的基础上与居民一起对其进行原汁原味的改造和提升。"旧物改造盆栽"活动是联合团队的一项重要的社区营造活动,设计师与居民一对一地进行旧物改造盆栽,实现艺术的再造提升。通过参与式设计和持续的社区培育孵化和营造活动,居民和设计师有了更深层次的交流和理解,同时也提升了居民对于微花园的认识和兴趣、对美学和绿色景观更深层次的认知和热爱,普及了微花园的知识,将生活美学渗透到居民的日常生活中。例如,在史家胡同15号微花园"老时光花园"改造提升中,居民全程参与方案设计,将家中原来堆积的旧马桶、老砖老瓦、腌菜的罐子、旧鸟笼、废弃的玻璃等元素拿出来与设计师一起运用到花园设计中,这些蕴含着丰富故事的旧物不但使老城百姓的生活被原汁原味地保留下来,而且艺术性和审美得到极大提升,彰显了花园的老时光味道。

案例：杭州老旧社区公共艺术　清河坊"杭州九墙"

城市的老旧社区在融入多元化的艺术表现形式后，公共艺术所反映的现代技术与文化结合的创新结合给老旧社区环境建设注入了新的活力与生机。以杭州清河坊公共艺术为例，从2000年开始，上城区政府对清河坊的历史建筑群进行保护，同时又开发新的街景，依照"修旧如旧"的原则，对原有的风貌加以利用及保护，形成"以街引商、以街带商、以商兴旅、以旅促荣的良性循环"。经改造后的清河坊历史街区中的公共艺术促进了周边老旧社区形成具有浓郁传统气息的文化街区。"杭州九墙"的雕塑表现形式不同于一般的石雕，其利用老社区遗留的部件和元素作为艺术形式表现的材料，每个细节元素都是参与当时时代的物件通过技术手段塑造，并精心布局，这种艺术表现形式，做到了内容与形式的和谐统一。这组作品里真实的历史物件的材质感给居民一种归属感，将历史文化以新颖的形式表现给居民和游客，并向大众传递了一幅"清河坊老旧社区的历史生活画卷"。"九墙"中的一个很重要的作品就是《街乡杂事》，作品中的元素都是从生活中提取出来的。"九墙"系列公共艺术作品的创作者、中国美术学院公共艺术学院院长杨奇瑞教授曾提及：以1995年杭州城市改造为契机，他开始创作了第一组"九墙"，在历史街区的改造中保留历史遗迹，产生一种历史感、沧桑感，希望用呈现出一个时代与历史碎片的墙来讲述一个历史街区的故事。后来杨奇瑞教授又在成都的宽窄巷子以及南昌等城市，以同样的手法创作了不同的"九墙"系列作品，并在艺术与科技的结合上做出了一些探索，植入了很多数字技术。

6.3　社区记忆与邻里关系塑造

基于历史文化因素的塑造，通过原真性营造保留集体记忆，重塑场所精神，发展社区文化。

法国社会心理学家哈布瓦赫于1925年首次引入"集体记忆"（Collective Memory）概念，将其定义为一个特定社会群体的成员共享往事的过程和结果，认为集体记忆是附着于物质现实之上为群体共享的东西。阿尔多·罗西在《城市建筑学》中借鉴了荣格的"集体无意识"，认为城市是集体生活和记忆的剧场，强调历史的价值、集体与其场所的关系。在具体环境中，集体记忆是反映人群对场所物质环境和精神文化的重要信息。城市空间布局和肌理蕴含着丰富的历史和记忆信息，凯文·林奇的"城市记忆地图"恰当地诠释了系统化的公共空间所具有的可识别性，场所精神和记忆文脉被嵌入公共空间系统中。社区空间是城市空间中最具人文价值和生活印记的区域，需要尽最大可能保护其原真性。基于社区营造的社区公共空间微更新强调保护与发展社区文化，通过结合使用者和原住民的日常生活，保障空间物质环境和居民生活的真实性。挖掘在地历史和传统文化是保护社区原真性的有效途径，通过查阅历史资料和记录居民口述史等途径，并以展览和书籍编撰、宣传等途径，对相关历史内容进行保护和挖掘。同时保护社区邻里关系的原真性，促进社区公共精神的再生，塑造生活着的真实的社区感。艺术与设计介入的方式较为多元，可以是常规意义上的"设计"，也可以是临时性的艺术装置、景观事件、公示与展览，甚至是访谈与调查，其成果经常表现为非通常意义上的建成项目，还可以是相关的艺术活动组织等。

案例："台湾生活美学运动计划"政策

随着人们生活水平的不断提升，日常生活审美化逐渐成为现代生活的重要特质，"生活美学"兴起。生活美学是文化民生的一种效应体现，体现了文化由表及里、"润物细无声"的渗透。台湾正在以"生活美学"及20世纪90年代末展开的"生活美学运动"开展活动，在社会创意氛围营造方面有着一定的理论实践经验。1994年，台湾"文建会"首次提出"社区总体营造"理念，也因此促成各地文史工作室、文化工作团体和专业学术团体的纷纷成立。2008年推动"台湾生活美学运动计划"，计划中包含了三大项目，分别为："艺术介入空间计划""生活美学理念推广计划"以及"美丽台湾推动计划"（图6-1）。据台湾生活美学运动网站的资料显示，台湾"生活美学运动"从1998年开展至今，从培育公共意识、塑造公共美学、推动公共参与三大层次着手，推广和培养公众的"生活美学"概念。通过提升民众对生活美学的重视程度及美学涵养，树立城市美学地标，营造城市和乡镇的美感空间等方式，加强了美育以及民众创新能力、设计能力和艺术能力的培养，取得了良好的效果。今天我们在台湾的一些大街小巷、城市乡间可以感受到"生活美学"的成果，诚品书屋、台北101大楼、莺歌博物馆等文化景观更成为"生活美学"的标志，令公众和游客流连忘返。

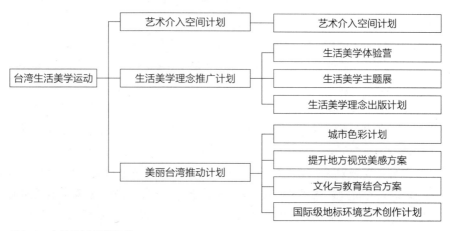

图6-1 台湾生活美学运动

基于生态环境因素的塑造，通过生态公共艺术实践强调公众参与与互动，强调环境和社会的同步修复，打破艺术、自然与行动主义的边界。

在生态危机和环境恶化的挑战面前，艺术家与观众互为主体的、强调公众参与的新类型公共艺术尝试与城市农业相结合，利用植物修复与社区耕种，采用温和的行动主义策略，试图以积极建构的方式从微观层面实现社会和生态的改观，传递环境保护的可持续理念，促进居民社会交往活力。

案例：闻名全美的"村庄天使"叶蕾蕾　艺术改造怡乐村社区

叶蕾蕾，抗日名将叶佩高与夫人王岵嶦之女，生于中国大陆，长于中国台湾，后常住美国费城。1986年夏，一个偶然的机会，她接手了一个艺术改造贫困社区的项目，并先后创办两家非营利组织，第一家是美国北费城赫赫有名的"怡乐村"（The Village of Arts and Humanities）。怡乐村前身是一个破败、贫穷和犯罪充斥的黑人社区，到过怡乐村的人无法相信更无法想象，这个每处墙壁都涂满了生命的色彩，每个角落都矗立着灵魂的雕像，充满着浓郁艺术气息的怡乐村，在四十多年前竟然是费城一隅的贫民窟。从1986年开始，叶蕾蕾团队用了18年时间，带动社区居民参与，一共创建了17座园林，整理了200多块公园绿地，完全开放给大众。不仅是乡村公园和壁画，怡乐村真正的核心在于艺术项目中的社会功能，其中每个项目都指向特定的社会问题，都服务于人心的重建和社区的康复。例如，叶蕾蕾与附近的小学取得联系，在"怡乐村"整修后的教学楼里，为社区的孩子提供特殊的教育项目，如写作、摄影、雕塑、舞蹈、戏剧、手工等课程。到2000年，接受过"怡乐村"环境与农业知识教育的孩子超过4000人，成年人超过300人。为帮助社区解决普遍吸毒的问题，并疗愈因它而受害的人，叶蕾蕾通过与专业导演和剧本作者合作，链接编剧、排演等，创作了一场反吸毒的话剧，演员选自社区里的孩子，题材则来自社区。1991年，这场话剧在费城艺术大学首演，大获成功。总之，通过叶蕾蕾用艺术为社区赋能的努力，目前"怡乐村"已发展为一个多元化的社区建设组织，其活动包括：课后和周末计划、绿化土地改造、住房改造、剧院和发展中心（图6-2）。

2002年，利用北费城社区改造的经验，叶蕾蕾创建了"赤足艺人"这一国际组织，区别于其他NGO组织的一点是，"赤足艺人"是一个志愿者组织，几乎没有专职的工作人员。叶蕾蕾主要是为特定项目筹资，项目的实现则完全依靠链接志愿者和当地人民。通过这一组织，叶蕾蕾在全球多个贫困地区开展艺术工程，其中影响颇大的长期项目包括：在肯尼亚首都旁的贫民区，科罗戈霍（Korogocho）的社区转型项目、为期十年的卢旺达疗愈项目、北京蒲公英农民工子弟中学转型项目等（图6-3、图6-4）。从北费城

图6-2　Ile Ife Park，宾夕法尼亚州费城

图6-3　北京蒲公英中学（一所为外来农民工子弟提供教育的学校）

"怡乐村"的社区改造，到北京蒲公英中学，叶蕾蕾室外艺术的足迹，遍布北美洲尤其非洲、亚洲。她坚信，通过艺术，把破败地区改造成共享繁荣的社区，这方面的经验是可以复制的。但可复制的并非形式，而是解决社会问题的意识和方法。叶蕾蕾将社区成员参与视为其艺术创作的组成部分，通过吸引更多人参与，以保障可持续性。其室外艺术项目

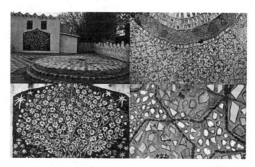

图6-4　冥想公园

通常始于与当地人合作，有一个集体愿景。在信任、赋权和放手的基础上去推进，最终通过扩展其他活动，如基础教育和在地经济建设，带来社区环境的改善、社区居民生活品质的提升，以及社区居民对未来的希望。而在所有参与者中，孩子一直是主力军。这不禁让笔者想起圣雄甘地的一句话："我们要在世界上实现真正的和平，必须从儿童开始。"普通人在破败社区看到的是荒芜和绝望，艺术家叶蕾蕾却独具慧眼，在破败社区看到的更多是重生的巨大潜力。破败社区于她反而是艺术创作和社会变革的沃土，她和她的团队从一个又一个破败社区出发，解决了一个又一个社会问题，创造了一个又一个奇迹，带动社区居民和链接社会资源，把一个个贫困、破败之地，通过艺术的赋能，逐渐旧貌换新颜，实现社区的共同繁荣。艺术改变社会，艺术向善，叶蕾蕾无疑是身体力行者。

　　这个公园是为人们提供放松、反思和重新定居的场所，其焦点是平铺的生命之树。社区公园在建造之初，除了一个成人愿意帮助叶蕾蕾，整个社区的人都在笑话她。她没有灰心，先争取孩子们的加入，因为孩子们没那么多偏见，而且好奇心强。叶蕾蕾就买了沙子、水泥、扫把等孩子

们喜欢的东西，果然把孩子们吸引了过来。渐渐地，越来越多的人加入营造的队伍，就这样慢慢地做完了第一个工程。

在我看来，艺术不仅是表达自己和可以卖钱为生的，也不限于抽象的理论。它是能改造社会的实实在在的工具，它可以重建人与人之间的关系。每个投入其中的人，都会发生奇妙的心理变化。而我做的是一种新的和多元的艺术品，纯粹从艺术角度，你看到的可能只是我作品40%的东西，其他60%是那无形但有生命力的能量，在社会层面，对参与者生命的转换，对社区形态的改观等。所以我说，我的艺术工程就是一棵生命树。

——社区艺术家　叶蕾蕾

再来看看卢旺达治疗项目，该项目是在一个村子里，那个村子有一百多家大屠杀的幸存者。社区艺术家叶蕾蕾跟村民们一起创作，一起致力于疗愈工作。疗愈什么呢？很多村民被贫穷折磨，尤其因家人死于大屠杀而遭重创，这种情形下，怎么往前走？如何给他们带去希望？这是摆在叶蕾蕾面前的系列问题。她想到的是首先要让他们有自给自足的能力，以实际的教育、建设和发展的成果让他们看到希望。包括投入一批综合改造项目，比如为村民安装雨水收集装置，为所有家庭建基本卫生系统、带来日光能，启动小额贷款计划等；也包括技能培训，比如缝纫、篮子编织、葵花籽油生产、太阳能电池板组装、艺术和雕塑制作等培训。其次，她想到的是心理康复。叶蕾蕾跟他们一起寻求解决方案，做了一个大屠杀死难者纪念公园，让他们可以通过追念亡者来抚平自己心灵的创伤。这项工程从2004年持续到2014年，整个过程动员了约100个女性单亲家庭、数百个幸存者社区的儿童、数十位从其他城市来的志愿者、从卢旺达首都基加利来的专家，以及从美国来的数十位志愿者共同参与。深耕终有收获，社区发生了翻天覆地的变化：太阳能普及了，老人不再担心买不起煤气或电；更多的孩子可以夜间阅读和写功课；成人可以夜间工作；妇人在学会编织篮子等技能后，可以用自己的作品换来更多的食物、肥皂等，提高自己的生活质量；小额信贷的出现，让村民有机会创业，并建造属于自己的新房子……随着村庄的繁荣，村民们越来越看到希望，越来越有自信，疗愈工作卓有成效。

6.4　参与式社区营造和居民共建

十九大四中全会提出，"建设人人有责、人人尽责、人人享有的社会治理共同体"。美好生活需要人人来缔造，参与式营造设计和共建是社区公共空间微更新的重要策略和实施路径。目前，参与式营造设计和共建的类型主要包括社区生活介入型、艺术激活型、灾后重建型和历史古迹保护型。各种类型都具有不同的特点和途径，多采用参与式工作坊的模式进行持续推进，包括对社区软件营造和硬件营造。参与过程包括项目前期立项、设计到实施，以及后期维护。喻肇青（2014）在《落地生根：台湾社区营造的理论与实践》中将其细分为六个阶段：启动阶段、酝酿阶段、发掘阶段、憧憬阶段、计划阶段、执行阶段。参与式营造的核心是社区居民，引导方是街道、社区等基层政府，技术提供方为社会组织和设计机构。以艺术激活的社区微更新为例，其途径在于将美学教育、都市美学和生活美学作为一种全新的更新契机，通过制定核心议题和空间营造来实现艺术介入。在对调研区域进行充分了解的基础上，与社区居民进行参与式设计和参与式营建。我国台湾地区的社区营造就十分重视在地居民参与。例如，桃米村在营造社区的过程中提出的"雇工购料"的计划，该计划将社区工程的设计权交由当地的居民，由居民结合自身需求，利用当地材料，计划和实施工程。居民根据自己的需要改造了湿地、竹桥，建造了许多具有地方特色的建筑（如蛙树屋、蜻蜓流笼、凉亭等）以及修复了社区内茅埔溪河道。这种构想不但活用了当地的资源，而且所建造出来的工程都是符合居民需求和心意的，可以说没有任何一个工程是无用的，更重要的是，这种社区营造模式充分彰显出了民主的价值，对大众参与社区事务的权利予以了高度尊重。

案例：艺术介入的"台南海安街模式"

2003年9月24日，台南市当局公布了《台南市海安路都市设计规划优良建筑奖励须知》和《台南市海安路闲置空间景观美化活动奖励须知》，用以鼓励公众参与到海安路的重建计划中。2004年，台南市又制定了《台南市海安路示范点美化造街奖励补助须知》，并由策展人杜昭贤以及其所属的"台南市21世纪都市发展协会"团队策划并实施"海安路艺术造街"项目。该艺术项目共分为"美丽新世界，海安路艺术介入"（2004年3月）、"海安路艺术造街，启动公民美学运动"（2004年9月）和"市影·See in——海安路街道美术馆"（2005年7月）三个阶段。

"美丽新世界，海安路艺术介入"——第一阶段项目"实验期"

策划团队选择从海安路开发不当伤疤中最典型的颓圮墙面入手，将其作为艺术植入海安路街道空间的第一次实验。团体通过采访、开说明会等方式与居民沟通，获得了8位屋主的允许，在21位艺术家的协作下，最终完成了八个试点作品，分别为卢明德的《生态物语》、陈浚豪的《义盖云天》、李明则的《生活写意》、郭英声的《烙印》、刘国沧的《墙的记性》、卢建铭的《夏了》、林鸿文的《自然来去》和方惠光的《Young》。第一阶段的作品形式采用了壁画、摄影、装置等创作手法，将艺术植入于断壁残垣之中，为颓圮墙面的艺术再生提供了多种可能性。在项目执行期间，策展团队还通过召开说明会、记者会、座谈会、开幕晚会等活动的方式，与海安路的公众保持着紧密的联系，保证艺术创作不脱离公众主体的同时，也给公众提供了实时了解作品创作情况和监督项目进程的渠道。

"海安路艺术造街，启动公民美学运动"——第二阶段项目"发展期"

于2004年9月启动的"美丽新世界——全民艺术造街"与当时文建会所推展的"公民美学运动"进行了结合。此阶段着重与艺术与社区居民的自发性参与互动，并落实艺术生活，生活融入艺术美学的理念，寻求出当代艺术介入公共空间发展的可能。这一阶段也诞生了八组作品，分别是吴玛悧的《公民论坛》与《路是人开出来的》、陈顺筑的《市民摄影集体创作墙》、成大建筑黄伟成与曾文山的《魔结构》、吴东龙的《Peach》、李宜全的《怪花森林》、台南全美戏院画师颜振发的《请你跟我这样做》、台南艺术大学建筑繁殖场团队的《神龙回来了》以及昆山科技大学团队的《窥，鼠佛头》。相比第一阶段的作品，发展期的作品在内容上更加注重"社会性"，形式上也增加公众互动部分。除了静态的公共艺术作品，在"发展期"中，策划团队还在海安路中陆续安排了露天剧场、座谈会等展演活动。

"市影·See in——海安路街道美术馆"——第三阶段项目"实践期"

策展人杜昭贤曾说："第一阶段只是'点'的美化，第二阶段进入'线'的串联，第三阶段侧重于'面'的整合，成立一座前所未有的街道美术馆。"在策展人看来，海安路的艺术造街计划应该使整个海安路都有更完整的形式样貌，而不仅仅只是小区总体营造的美学体现。第三阶段中"街道美术馆"的首展，由台南艺术大学建筑研究所"建筑繁殖场"团队进行规划创作，名为"非间带——开放实境"。其最大的特点与用意在于串联了街区中13处地下街上未使用的出入口，重新诠释了其功能，试图通过此次展览打破因为街道拓宽不当而带来的隔离感，并将街道两旁的居民重新建立了联系。借由发亮的灯桶椅、木结构、高塔等元素，打造温馨的海安路，唤起居民对海安路的共同记忆，通过营造具体活动事件的方式引领更多的公众参与到海安路艺术造街计划中。

"海安路艺术造街"修复了地景，更修复了人心

如今的海安路，在策展人、艺术家、居民的联手推动下，早已抹去了荒芜的景象，成为台湾地区艺术造街中最具规模也最具公民美学意义的典范。对公众而言，海安路艺术造街通过艺术的方式为他们拾起了有关海安路的回忆。时任台南市官员的李得全曾说，"'海安路艺术造街'不仅是地景的修复，更是人心的修复。"对于城市而言，由于第一阶段的海安路街墙艺术计划是一项街区活化项目，因此其并没有像其他基于《公共艺术实施办法》的公共艺术项目一样拥有高额的经费，但却用有限经费创造了无限的可能与商机，民众口口相传，诸多商铺进驻，既美化了市容，也提升了人气，活化了景观。

6.5　社群协调与社区自组织培育

新类型公共艺术以特色主题艺术文化活动的介入形成了社区品牌效应，有助于社区形成情感共享、健康的文化氛围，进一步推动社区的民主自治。一般来讲，每个项目都需要征集一定数量的社区志愿者，而在社区志愿者中，最重要的就是挖掘社区能人，这是成立社区自组织的必要条件。在设计师介入的参与式设计和参与式营建过程中，需要持续地协调社群之间的关系，以及培育和孵化社区自组织。在早期孵化阶段，建议引入社会组织，作为第三方来推进社区活动的组织和发展，在一定程度上可以与社区自组织形成合力，促进社群协调，推动社区营造。今天，中国城市社区的公共事务管理不再依靠单一的政府治理主体，提出要依托于政府组织、民营组织、社会组织和居民自治组织以及个人等各种网络体系，应对社区内的公共问题，共同完成和实现社区社会事务管理和公共服务。对于社区居民、艺术家、设计师、社区组织来说，需要共同面对学习社区治理经验，创新社区治理模式的问题，建设和重塑健康社区生活，以实现社区的有机更新。以社区花园为例，除了作为第三方的社会组织，更需要通过引导孵化，培育出花友会类型的社区自组织或者部分社区能人来促进社区的整体发展。社区自组织的培育往往是一个长期的过程，对社群的稳固形成和社区的健康成长都具有重要的意义。

6.6　可持续的后期维护机制建设

社区营造本身具有很大比例的社会福祉属性，尤其需要关注其可持续性发展的问题：一是资金投入的可持续性，政府公共资金的投入如何更加精益，企业参与改造是否能够实现共赢；二是社会发展的可持续性，市民是否有机会、有能力参与社区事务，从而积累真实的获得感，激发社区持续、内生的活力，需要社区中的人与人、个体群体关系的营造。社区设计需要将空间（硬件载体）与人（软件内核）相结合，探索从更多元的视角切入、更多方的资源协动，充分发掘社区潜力，共创一个有温度、有信任、有协作的社会关系。

社区更新的后期运营和维护机制将直接关联到社区营造活动的可持续性。因此，需要针对具体情况，制定相应的运营和维护机制。其中社会组织、社区自组织、艺术家设计师团队等应发挥重要作用。北京于2017年首先在东城区开始推行"责任规划师"制度，目前几乎覆盖到各个区，逐步推进到街区和社区更新工作中。与北京的情况相似，上海分别于2015和2016年启动了城市更新试点工作和城市更新四大行动计划。通过大规模推行"社区规划师"制度，在社区规划师的引领下推动社区的公众参与和共管共治。多元共治的方法能够有效保证社区公共生活和共享空间得到多方参与的建设和后期维护，多元共治涉及参与各方，包括制度建设方、设计方、建设方、投资方、街道社区和居民。通过居民、艺术家、社区和规划设计师多方一起的参与式设计方案和相关机制的协商，进入多方参与的共建和维护过程。设计、共建和维护过程应该充分考虑项目的可持续性，并在设计方案和材料选择等方面体现低造价、低维护和可持续性，需要持续进行公众参与式运营维护机制探讨，坚持"谁主张、谁负责、谁受益"的原则，通过认领分包、街巷长制度、运营维护等机制促进社区公共空间的有效维护和可持续发展。

第 7 章　构建社区可食景观与康复花园的模式

随着城市化建设不断推进，城市发展模式逐渐从以扩张为主的增量增长，转为以更新为主的存量发展模式，更新逐渐常态化，可持续发展成为一致目标。当今居住问题凸显，供给侧寻求结构升级，需求侧对美好生活的渴望日益增长，可持续发展在社区研究领域有了更加现实的意义。如何在有限的空间内，更好地提升城区空间品质，改善人们生活情境，整合碎片化空间，构建更加和谐的社会关系是我们都必须面对的新挑战。面对这些挑战，可持续性、生态与生产功能将成为评价未来城市公共艺术成功与否的重要标准。在众多的可能性中，都市农业是近年来生态与新类型公共艺术进行生态和社会修复、食物生产、美化环境和形塑公共关系的重要媒介之一。这不仅与资源消耗型的传统公共雕塑大异其趣，也不同于偏向人类中心主义层面的公共性与城市空间的探讨，而是从整体论的生态理念出发，通过农业生产将复杂的生态系统纳入未来城市社群与生命共同体的概念，同时注重生态与社会的公正和永续。"社区"作为城市最基本的细胞已经融入人们的生活，社区空间由于其便民性、实用性、可操作性，已然成为都市农业的前沿阵地。社区花园（Community Garden）作为一种绿地的组织形式，在栽种过程中增进邻里交流，由此延伸出的各项活动让社区更加生机勃勃。社区花园不限于用地性质，可以充分利用废弃地，着重于借助园艺作为催化剂，以花园为空间载体，以公众活动或艺术性项目介入为手段，追求更广泛的社会效益和环境利益。在社区花园景观化、多元化、共治化和可持续性的设计、施工及运营方面，社区花园由于其运作机制、管理模式、互动性等优势，可以较好地弥补城市建设进程中的环境退化问题，重构人类与自然的关系。

7.1　社区花园发挥着维护城市生物多样性、推进民主化、增强社区凝聚力的作用

在中国三十多年住宅商品化大潮的推动下，大量耕地转化为城市用地，都市人的生活空间和质量得到了极大的提高，但人们却远离自然的土地进入城市的钢筋混凝土环境中生活，生活在城市社区的人们从内心都有一种渴望亲近土地和自然，回归田园生活的渴望。一时兴起的农家乐、乡野民宿、度假村等成了城市人民趋之若鹜的度假地，寄情山水之间成为一种节假日的时尚生活方式。而在工作日里，他们也能够找到怡情的方式，在城市社区里时常能见到公共绿地里几片崛起的零星菜地，底楼有院子的居民更是规划起了城市菜园。当然，我们不能无视对于公共绿地的随意侵占问题，但除此之外更多的是带来了好处。比起难以维护的草地，种植可食地景既可以改善土壤，又能够带来新鲜的食物，与大自然亲近的种植活动更能够带动社区公众的交流与亲近，对于改善城市社区疏远的邻里关系很有益处。一方面，随着城市的不断扩张，硬质景观替代自然景观，自然斑块数量和面积不断减少是城市发展普遍存在的问题。另一方面，人类与自然的联系和接触是其内在本能需求，增加人和自然的互动机会对于促进可持续发展、城市居民健康、增进社会和谐、提高环境意识等具有重要意义。欧美和日本等发达国家，通过社区可食地景的建造和管理，让社区中不同的人聚在一起种植植物，在促进文化交流、社区发展、食品安全危机、美化环境、预防犯罪，以及整个社区的自力更生方面起到了积极的作用，并积累了一定的成功经验。国内近年来随着生态环保意识的崛起，各大城市也出现了越来越多的对可食地景的探索模式。社区花园通常被认为是城市绿色空间的一种形式，提供多种环境、社会、经济和健康利益。这种由邻里居民、园艺爱好者团体以及学校等共同管理的特殊类型花园，除了种植蔬菜或花卉，为社区居民提供了共同劳作分享果实的空间外，还对于促进社会相互交往，为各年龄各阶层尤其是少年儿童提供环境教育机会，培养公民可持续发展及生态意识，增加传播花粉昆虫的种类和数量，维持城市生物多样性等具有积极的作用。社区花园最重要的特点是为城市居民提供了场所居民们，可以亲自参与种植蔬菜、花卉等，通过亲近土地，参与劳作和管理，对维护城市生物多样性、推进民主化和增强社区凝聚力都具有积极作用（图7-1）。

用可持续景观设计的方式去设计城市社区农园，既保留了景观的观赏性，又能满足都市人农耕、食用的需求。同时，从设计到产出都遵循绿色环保的可持续发展理念。社区营造的核心是公众参与，它强调充分激发社区居民自身的积极性和主动性，希望居民出于自身需求参与到社区建设中来，在参与中产生社区认同感，并最终形成有活力的社区。而新类型公共艺术开展以社区居民日常生活相关的艺术项目活动，用艺术引导设计，在社区内建设可食地景，让城市居民有机会亲近土地、参与劳作和收获有机食物，可以充分调动居民的积极性和主动性，参与到可食地景的各种活动中来，并在此过程中

图7-1　山东淄博市惠泽苑小区居民种菜日常

增强居民交流联系和提高社区凝聚力，以逐渐达到社区营造的目标。以社区营造为导向的城市可食地景对解决中国当下城市社区面临的各种问题起到积极的作用。还有一点我们需要清楚的是，社区花园并不是一种新的用地性质，它是作为公共空间使用的一种形式而存在，在不改变土地性质和绿地属性的前提下以深入的社区参与丰富了城市绿地的内涵与外延，人工与自然、城市与乡村、专业与业余，在社区花园中开始变得模糊和融合，回到彼此相互熟悉信任的邻里关系，使居民重新认识到公共空间中土地的价值，以更乡土、更丰富的生境营造更新了人与自然的连接，这些从参与设计到在地营造再到维护管理机制的建立与实施，不断加深人与人之间的联系，逐渐成为公众日常生活有机的组成部分。

7.2　美国纽约社区花园的可持续实践

　　一般来说，"社区花园"（Community Garden）一词指的是"由当地社区的成员管理和经营，种植食物或花卉的开放空间"（Holland，2004；Pudup，2008；Kingsley等，2009）。而美国社区园艺联合会（American Community Gardening Association，ACGA）对社区花园的定义简单而宽泛，"只要有一群人共同从事园艺活动，任何一块土地都可以称为社区花园。它可以在城市、在郊区或者在乡村。它可以培育花卉、蔬菜或者社区。它可以是一个共同的地块，也可以有许多个人的份地。它可以在学校、医院或者在街道，甚至公园。它也可以是一系列个人承担土地用于'都市农业'，其产品供应市场……"

　　纽约的社区花园主要在20世纪70年代利用城市闲置土地发展起来，社会团体或志愿者把城市低效或废弃场地改为社区花园，为场地重新注入生机。在保留花园和城市商业开发的斗争中，社区花园最终划归到城市公园系统，使大部分社区花园得以持续利用。纽约社区花园以其社会多样性而闻名，社区花园参与者来自不同的成长环境和不同的文化背景。社区花园通常划分成小块土地（Plots）出租给园艺爱好者，在植物选择上趋于多样化，混栽是社区花园通常的形式。混栽不但增加了生物多样性及景观趣味，同时还在一定程度上抑制病虫害的发生，减少杀虫剂的使用，如葱属植物会抑制害虫的产生。此外，社区花园创造多样化的生境吸引鸟类、授粉昆虫等。社区花园通常提倡有机生产，循环利用、可持续发展实践。如洛克菲勒中心每月更新其美化装饰植物，替换下来的植物捐献给社区花园。纽约巴特利公园城（Battery Park City）的社区花园禁用所有类型的杀虫剂，同时循环利用超市剩菜、星巴克咖啡馆的咖啡残渣等做堆肥。社区花园的可持续发展实践也促成了巴特利公园城行政机构对这一区域的新建筑设立绿色标准，2003年第一座绿色住宅建筑落成使用。此外，社区花园也提供了一系列文化教育活动，艺术展、戏剧、舞蹈表演、婚礼和生日庆典、青少年教育项目等。如青少年壁画项目为纽约市2000多名青少年提供涂鸦创作的机会。社区花园创造了很多"登陆点"吸引不同兴趣、年龄、职业和教育背景的群体，已不仅仅是园艺活动。社区花园培育包容性并为个人创造了展示机会，这也是社区花园能够长期维持的重要因素。

美国社区从花园运动到"绿手指"计划

　　纽约有计划的公共绿地建设始于摩西作为公园专员的时期（20世纪30～60年代），它一贯的自上而下作风使得城市的公共绿地面积大大增加。20世纪60年代预示着公园部门与城市社区共同投入和推广的新时代，特别是在托马斯·霍芬（Thomas Hoving）的管理期间，他包容性的管理风格和提出的背心公园（Vestpocket Park Campaign）无疑给当时低迷的城市经济和衰退的城市环境带来了绿色生机。这种将空置地块快速转变为可用的开放空间（通常征求当地居民的帮助和建议）的治理方法迅速成为那个时代的公共绿地管理基调，也为此后20世纪70年代的社区花园运动铺平了道路。20世纪70年代是纽约的低潮时期，经济滞胀、高失业率、高犯罪率、郊区化。此前数十年的歧视性住房政策和"联邦推土机式更新"的遗留问题开始显现，城市中11000多处房产因欠缴税费被取消抵押品赎回权，故意纵火焚烧房产的情况时有发生。这些收归城市所有的地块，空置且缺少维护，垃圾成堆并成为犯罪频发的黑色地带。在一些街区，尤其是低收入地区，居民们决定自己做，尝试将这些被忽视的隙地转化成富有成效的绿色空间。社区花园是这些衰退街区的生命线，它们使房屋价值上升，并使社区更安全。居民认为：当每天都有人在那里活动时，犯罪分子便不敢坐在你面前，并在你面前犯罪。那个时期的社区花园不仅美化了环境，也成为雅各布斯所称的"街道眼"及社交节点，在无望中带来希望。第一个社区花园出现在曼哈顿下东城，由一个名叫"绿色游击队"（Green Guerillas）的非政府组织发起（图7-2）。致力于保护城市花园的非营利性环保组织成立于1973年，在全市尤其是在曼哈顿的下东区、地狱厨房和东哈莱姆等地区的那些空置的新公地上发起社区花园建设，通过"种子炸弹（肥料、种子和水）"的投递，不仅使这

图7-2 1975年"绝色游击队"创始人Liz 图7-3 20世纪80年代早期的Clinton Garden（图
Christy在下东城的第一个社区花园 片来源：PLT网站）

些废地绿树成荫，也很快成为一个促进社区参与的基层治理项目。

　　意识到社会自发力量参与给这些空置的城市所有土地带来的社会效益，尤其是看到社会组织的有效组织和基层社区的振兴希望，纽约市于1978年启动了"绿手指"（Green Thumb）计划，为更广泛的"社区花园运动"提供协调与帮助，这个计划最初由市政总署赞助，由联邦住房和城市发展署的社区发展基金资助，专门的工作组负责协调城市空置的租赁土地。在"绿手指"计划的协调下，地方政府以每年一美元的租金将空地租给社区团体，城市和社区团体之间的合作关系得以加强，原先临时安排转变为许可协议。1978年至1989年担任纽约市市长的Ed Koch的支持促成了社区花园的大规模扩张，他在一档名为"It's My Park"的电视节目中表示"花园在很多地区是必需的，它们为整个社区增值"。至此，社区花园计划没有止步于临时性的空间更新，而是进一步推动了长效机制，也是社会力量对于城市保留的空地开发权潜在忧虑的体现。1984年，"绿手指"发起了"社区花园保护计划"并促成了城市与社区团体间的十年租约（图7-3）。1989年，城市土地委员会（Committee of Land）赋予了一些社区花园"保护地点"称号，承诺只要能保持积极维护，这些挂牌点将永久用作社区花园用途。20世纪90年代，"绿手指"又进一步协助社区团体，使他们辖区内的社区花园符合标准并监督其向社区公众开放，从而规范了社区花园的建设及管理标准，将其纳入城市公园部门的管辖范围，进一步巩固社区花园的稳定性。

　　花园为社区增值的同时，也吸引了资本的关注，最初城市与社区团体的协议是严格强调临时性的，保留了城市开发空地的权利。20世纪90年代，纽约市表示正在考虑向开发商出售许多社区花园用地以获得住房和商业机会，于是开始了发展与保护之间的经典斗争，这个保护运动在全美各城市展开，最终由当时的司法部长艾略特斯皮策和纽约市协商，确定了400多个保留的花园地点。这些保留的花园需要明确管辖主体，要么将他们留在五大自治区各自的市政机构，要么将其转移到纽约市公园部门，这也意味着有约

150个花园用地可用于商业开发。随着1999年纽约市政府宣布向开发商拍卖花园地块，一些非营利组织发挥了重要作用，公共土地信托基金（The Trust for Public Land）作为一个致力于保护开放空间的国家组织，与市政府谈判达成协议，购买和保留其中62个花园作为开放空间；而另一个非营利性纽约恢复项目（New York Restoration Project）则购买了另外51个，这个由著名演员发起创建的组织，成为社区花园团体、城市组织及景观设计师的聚集平台，致力于倡导社区开放空间的重要性，并筹集资金支持社区花园建设和园丁的收入。至今纽约市属公园部门辖下有299个社区花园，土地信托拥有118个社区花园，私人拥有36个社区花园，房屋保护发展局拥有13个（多在公共住房社区中），自治区拥有23个社区花园，总占地面积超过100英亩（约40.4686公顷）（图7-4），有固定会员20000余人。除了"绿手指"，还有绿色游击队、GrowNYC、土地信托及其他环保组织都在花园维护及社区活动等方面起到了积极作用。如克林顿社区花园，这是纽约最成功的社区花园之一，约1400平方米，位于曼哈顿第48大道西，离时代广场只有两个街区。于1978年加入绿色游击队以保障其合法租赁，花园建设者回收利用了上千块旧砖硬质铺装地块，花园划分的小块园地上种植蔬菜和花卉。1984年，克林顿社区花园被划归到公园土地的社区花园。目前该花园有108块园地，在夏季有500～600人使用该花园，包括100多名儿童。克林顿社区花园的堆肥设施为花园提供有机肥料，可食用花园的农产品完全采用有机生产方式。花园也为鸟类、蜜蜂和蝴蝶创造了生境，该花园拥有曼哈顿唯一注册的蜂箱，每年大约产蜜50公斤，在每年十月的集市盛典售卖。同时，美国原住民小径等表现了印第安文化。花园每年举办盛夏节、艺术展览、野餐音乐会、花园研讨会和摄影活动等，为社区居民的集聚、交往、分享果实、环境和生态知识提供空间和机会。最可贵的是该花园为周边的小学提供了实习的场所，孩子们可以便利地观察和了解花园的植物、庄稼、蔬菜和蜜蜂的生活。

即便如此，仍有少数花园难逃一劫，伊丽莎白街社区花园（图7-5～图7-7）就是其中一个，目前对于社区花园地块的开发方案都是公租房，在社会公正和社区利益面前，博弈并不像开发与保护之争这么极端，政府与开发商积极表态项目的公共服务性，也承诺增加绿地面积并向社区开放；而社区的声音则是"我们支持公租房，但不要夺走我们的花园，可以在临近的空地建设，花园是我们共同的宝藏"。各种声援活动、听证会及审议程序虽然可能拖上两三年，但雅各布之后统一土地利用审查程序（Uniform Land Use Review Procedure，ULURP）的最终胜利鲜少属于公众。虽然结果并不令人意外，但不禁还是会反问程序正义背后的社会有效性。

纽约的社区花园经验对于国内城市存量更新时代的空间再生产很有启发，建成环境的更新还是以效益为导向的，提高空间利用率和空间品质，虽然对于效益和品质可有多维解读，但最终呈现还是量化指标。正如纽约居民呼吁的社区花园的集体认同、社会价值也难抵开发项目增加的公租房数量与就业数量等指标。当我们的"微更新"正起步之

图7-4　纽约市社区花园分布图（图片来源：https://greenthumb.nycgovparks.org/gardensearch.php）

图7-5　伊丽莎白街社区花园（图片来源：网络）

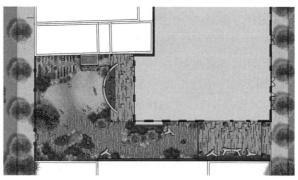

图7-6　2016年"保护伊丽莎白街社区花园"活动现场（图片来源：网络）

图7-7　2018年11月官方公布的公租房方案（图片来源：网络）

时，新的空间要及时确权或者合法化，正如"绿手指"积极推动将社区花园纳入城市公园体系，做好标准化与社区培训，实现可持续发展[①]。

多方介入　持续管理

案例：第103街社区花园（103rd Street Community Garden）

与纽约恢复项目（NYRP）合作，SCAPE设计了第103街社区花园，改造了历史悠久的东哈勒姆街区的开放空间。SCAPE是一个非营利组织，由贝特·米德勒（Bette

---

① 该部分资料笔者根据以下文献进行整理：https://www.nycgovparks.org/about/history/community-gardens/movement; https://www.grownyc.org/files/GrowNYC_CommunityGardenReport.pdf; https://www.tpl.org/blog/rooted-community-new-york-citys-gardens-still-thrive?gclid=CjwKCAiA9efgBRAYEiwAUT-jtFyt1hqsEhAwnnvtlZsTn6S0Y5eEG_bC6b0GUyRVZHGVHiGKd4pcchoCGM4QAvD_BwE#sm.0000sv1bzsp1of4cywh1fio9x72xv.

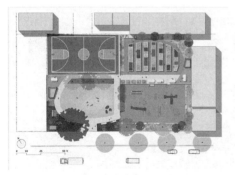

图7-8　第103街社区花园平面图　　　　图7-9　更新后的第103街社区花园

Midler）创立，旨在"一次改造"和绿化纽约市服务不足的社区中的开放空间，一次建一个公园。在这次的合作改造中，SCAPE提供了设计，并与NYRP紧密合作进行社区规划，且与志愿者和社区利益相关者团队一起促进了公园的建设。通过绿化与改造，将15364平方英尺（约1427.36平方米）的开放空间以最小的成本变成公共资产，为东哈莱姆社区创造一个充满活力的地方程序共享、多用途、绿色开放空间。SCAPE通过一系列不断细化的设计图纸和与邻里居民的讨论，一次次修改完善了设计（图7-8）。社区的反馈指导了设计过程，并制定了四个庭院的不同规划策略，该策略保护并重新安置了社区珍视的植物和树木。最终结合居民们的需求，该公园现在包括多年生草花所构成的花园边界、用于有机园艺栽种的高脚花盆矩阵、翻新的篮球场、可用作户外剧院的开放式野餐区、新的儿童启发式游乐场以及两个装有雨水桶的遮阳结构，雨水将被收集以用于现场灌溉（图7-9）。

在项目改造的过程中，第103街当地居民也断断续续对他们街区这片废弃的空间提起兴趣。SCAPE和NYRP密切合作，使社区参与设计制作过程，从公开招聘开始，逐步完成社区居民自治的目标。社区反馈指导了设计过程，制定了四个法庭规划战略，保护和迁移社区重视的植物和树木。该项目几乎完全是志愿劳动，预算极为有限。设计方与赞助方想出了许多调动志愿者积极性的方法，比如让志愿者穿着戏服来安装儿童游乐场的区块，并提供了一个DJ，把志愿者的"种植日/造园日"变成了一个舞会。在几个月的时间里，志愿者聚集在一起，把一个空的地段变成一个名副其实的社区活力空间（图7-10）。

·多方介入

景观设计师的角色（SCAPE）：完整的设计服务，从概念到施工文件，快速跟踪和协作的过程，以达到成本效益的设计，利用常见和简单的施工方法和协作的设计细节，以实现美好的构想。

图7-10 居民自发参与社区花园的营造　图7-11 多方介入的第103街社区花园的营造（图7-8~图 7-11的图片来源：Ty cole Studio）

非营利机构的角色（NYRP）：促进社区拓展，监督公共设计，协调建设，召集义务劳动和公共艺术活动项目。

赞助商的角色（The Walt Disney Company Foundation）：以实物捐助的新儿童公园设备；为志愿者日提供义工和DJ。

社区相关利益的角色（第103街社区人员）：提出设计构想，与设计师一起深化设计，并参与施工（图7-11）。

· 持续管理

第103街社区花园建成之后，很多参与社区建造的居民自发变成了社区花园的志愿管理者。如杰西·克伦（Jesus Colon）是花园的原始成员之一，他仍然记得他们清理并变成社区公园之前的空地（图7-12）。他说："当我们开始在这个花园里工作时，那是一个充满垃圾的垃圾场。"还有内布拉斯加州的新移民和牙科学校的毕业生杰西卡·马特恩（Jessica Mattern）搬到东哈莱姆（East Harlem）社区后，就加入了第103街社区花园。"搬到纽约对我来说是一个巨大的改变。但是找到这个花园可以使我更加顺畅地过渡这个时期。我曾经在一个家乡的社区花园里工作，所以我很高兴能够在这里遇到这个花园并且参与其中。"

人们通常会在公园里自发地举行一些活动，例如烧烤派对或生日派对，但他们从来不会将花园对外封闭，也不会阻止人们使用操场或篮球场。NYRP在项目建成后也会在其官方网页上登载一些在第103街社区花园中将要举办的节日、电影夜或是派对活动，同时对公众提供更多免费的家庭活动、绿色游戏、艺术项目，以及更多的园艺和绿化设施，邀请更多对此感兴趣的花园志愿者们参加，保持花园的活力（图7-13）。自2011年开放社区花园以来，它已经成为一个重要的社区资产，为各个年龄段的人们提供各种各样的节目。

图7-12　社区成员杰西·克伦（Jesus Colon）成为花园志愿管理者

图7-13　社区花园对公众开放，引入各类家庭活动和艺术项目

7.3　基于朴门永续的社区可食景观营建活动

　　朴门永续农业思想的启蒙可追溯到1911年，美国经济学家弗兰克林·希拉姆·金（Franklin Hiram King）最早将"Permeance"和"Agriculture"两个英文词汇合并，提出了永恒农业（Permanent Agriculture）的概念。随后，自然农法、小型食物森林、最大功率原理、不翻耕农作法等理念和实践为朴门永续设计提供了实质的精神基础和启发，促成了朴门永续农业的概念形成。1974年，比尔·莫里森（Bill Mollison）提出了朴门永续设计构想，并于1978年出版了著作 *Permaculture One*，开创了朴门永续设计主张，并通过数百个朴门场址的规划，不断修正和深化了这一概念。20世纪80年代，Holmgren 汇整出版了朴门设计手册，并在世界各地教授永续生活设计课程，朴门的概念也从农业系统扩展到了全面的永续人类居住环境。随后，各种朴门相关的社群、社团、研究机构在世界许多国家快速形成，并开始自行教授相关知识技能。到20世纪90年代，朴门永续农业在世界范围内广泛应用，也得到了进一步发展，基于朴门永续设计的伦理与原则，可食地景（Edible Landscaping）、渐进式朴门永续设计（Rolling Permaculture）、现代朴门等新概念在世界各地悄然兴起。如今，集结了多种文化思想的朴门永续农业已成为一股国际性的社会运动。朴门永续农业的应用也逐步从小尺度的家庭菜园、可持续住宅发展到了大尺度的生态社区、农业园区规划、城乡规划以及自然环境生态保育。正如斐利克斯·瓜塔里（Felix Guattari）的生态哲学强调对环境、社会与精神生态进行整体考虑，而非局限于环境生态本身，探讨的是公众的食物主权问题，挑战全球资本和生物政治控制的食物体系，支持本地小型社区农业，试图使公众获得新鲜健康和环境友好的本地食物。这是一种自下而上的革命：耕种行为本身提供了抵制跨国资本入侵、公共土地和资源私有化，实现社会包容和城市永续的有效路径。耕种涉及的可食与药用植物既可以从

象征层面承载生长、修复、给予和挑战等意义，又可以在真正意义上缓解诸如食品安全、健康、气候变迁和生物多样性等问题。通过都市食物森林和食物花园的建立，使这些作为公共艺术的园艺和农耕实践，并成为微型的政治和环境行动，致力于建立一种新的社会和生态关系，以及永续的生活方式。

"关心地球、关爱人类、分享剩余"是朴门永续设计的三大伦理原则，结合比尔·莫里森最早提出朴门永续设计的几个主要原则和大卫·霍姆格伦在其著作《朴门永续设计的本质》（*Essence of Permaculture*）中对朴门永续设计的原则的论述，总结出朴门永续设计的 14 条设计原则：①观察与互动；②灵活运用并回应变化；③将问题视为正面资源；④有效率的能源规划；⑤收集、储存、回收当地的能源；⑥使用和珍惜可再生能源与服务；⑦每个要素产生多个功能；⑧同一功能有多个要素支持；⑨整合相对位置；⑩进行自我调剂并接受反哺；⑪使用并尊重多样性；⑫使用边界生态及重视边界资源；⑬从设计模式到细节规划；⑭采取小而慢的解决方式。20世纪80年代，永续设计理念在国外得到普及，其含义也越来越宽泛，普遍认为永续设计是一种可以应用于食品生产、土地利用和社区营造等方面的系统的、综合的设计方法。与传统农业不同的是，永续设计更加强调社区和生态的恢复力，适用尺度可以从阳台到农场、从城市到旷野；它是为可持续环境提供服务的系统，满足食物、能源、住所等物质和非物质的需求，提供支撑它们的社会和经济基础设施。因此，永续设计还是一门在人类、土地以及动植物之间建立连接关系的艺术。朴门永续设计是基于生态学理论而建立的较为完整的生态设计体系，核心是发掘大自然运作模式，从中找寻各种可仿效的生态关系，再模仿其模式来设计庭园、生活，以寻求并建构人类和自然环境的平衡点。在设计中衡量每个元素的投入与产出，同时考虑场地中不同元素之间的内在联系，使每个元素都能在系统中找到适合自己的位置，以形成一个生态平衡、能源集约、空间利用率高、人力投入少，同时具有较高产出的系统。朴门系统应用范围广泛，小到营建菜园、可持续住宅，大到农场规划、生态保育、社区建立等不同尺度的系统建设。朴门永续农业作为一种生态设计方法，基于"土地关怀""人类关怀""公平分享"三大核心价值，将景观的环境美化、生态保育、科普教育与文化传承等形式和功能嫁接到了传统农业的生产、自然、生态特征基础上，并高效融入现代城市空间，是生态主义理念下有意义的景观设计探索，体现了人与大自然共生的永续生活方式，能有效推动社区的生态建设和城市可持续发展。传统社区景观多以装饰性绿化植被为主，景观形式缺乏识别性，环境的可持续性以及环境与居民之间的参与性和互动性都略显不足。一般城市社区的构成包括社区居民、自然生态系统、物质环境系统及社会和经济生态系统，其规划的实质是协调人类与环境问题的关系，朴门永续农业重视系统间各部分的相互依存关系，是城市生态社区可持续发展的有效途径之一。同时，朴门永续农业优先考虑社会学价值，为建立平等共享、归属感和凝聚力强的城市住区起到了重要的促进作用，保障了社会的和谐发展（图7-14）。

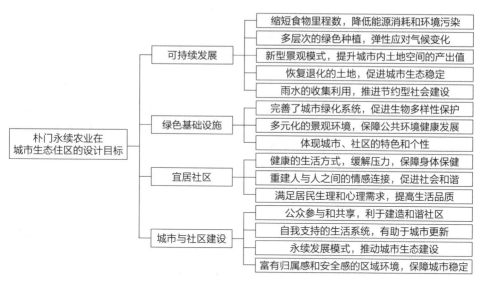

图7-14　朴门永续农业在城市生态社区的设计目标

协调人与自然的关系，重塑健康社区环境；丰富休闲活动方式，提高居民的生活质量。

　　城市单一发展模式下，人与自然的和谐关系日渐削弱和临近瓦解。朴门永续农业以产出式的景观新模式，通过观察、参与、体验等形式，给社区居民提供了与自然接触的契机，让城市自然力和生产力在社区空间得以释放和拓展。同时，朴门永续农业从生态角度出发，提高能量循环，有效减少了负面环境影响，重新建立了城市空间内人们的观赏需求与自然生态之间的动态平衡。现有的城市社区普遍存在休闲方式单一、户外公共空间利用率低、户外公共空间认同感缺失等问题。朴门永续农业能为社区注入新的关注点，自给自足的劳动体验和田园空间丰富了居民户外活动和社区环境的多样性，有效提升了他们的生活质量，也为公共健康带来了积极影响。

改善社区生活环境，体现社区个性与特色；激发公众参与，促进居民的社区交往。

　　目前社区环境的形式和功能设计趋于雷同，缺乏社区活力和特色。朴门永续农业利用植物种植规模、色彩、质感等元素设计和乡土作物的季相变化，创造了独特的景观体验，提升了居住品质。此外，朴门永续农业特有的自然气质和田园情境，在彰显社区个性的同时，还利于建立居民的社区认同感和归属感。朴门永续农业在城市社区空间的设计和建设上具备很强的参与性和可操作性。社区居民可以作为项目策划人、劳动者和受益者参与到整个空间规划和建设过程，能有效增进公众参与度，形成自发的责任感，由此降低社区管理的成本和难度，也有利于社区内居民社会关系的再激活，具有一定的社会意义。

新类型公共艺术项目介入，需要多元化、多层次的设计与布局。

朴门永续农业强调长期性的结果，需要统筹三个层面的规划设计以有效融入生态社区建设，并维持景观的活力和生态弹性。宏观层面，需要加大政府引导和支持，健全相关政策和法规体系，由此顺利推进建设速度。中观层面，需要完善社区管理模式，普及社区宣传教育，呼吁和提升公众的参与率，并做好社区用地科学规划，保障朴门永续农业的整体性发展。微观层面，强调专业队伍、艺术家团队合作和科学设计，以提高朴门永续农业的效率效能。其中，艺术化的设计处理是朴门永续农业有效融入社区建设的软性条件。朴门永续农业的设计在遵循相关设计规范和导则的基础上，还需要以艺术与文化理念为指导，强调果树、草药、蔬菜、可食花卉等景观要素的个性特征与景观美学的协调性，以秩序化手法加以组织，让社区绿地焕发出特殊的活力和特质。新类型公共艺术以其多种类型的艺术项目和广泛的公众参与性非常有利于社区朴门永续农业项目的试点和顺利开展，针对城市社区内不同类型的户外公共空间，以及不同文化程度和年龄阶段的社区居民对农业景观也有着不同的生理特点和心理需求提出不同的介入策略。因此，新类型公共艺术介入社区内朴门永续农业的建设需要做到多元化、多层次的设计与布局，基于绿地整体规划和朴门分区规划要求，可以结合螺旋花床、食物森林、蔬菜模纹等景观模式合理设置展示观赏区、参与体验区、公共活动区等功能区进行项目内容的策划，从而满足社区多样化的需求。在社区新类型公共艺术项目开展的过程中，还应结合居民的行为习惯与空间使用频率营造多层次的空间格局，具体针对总体空间结构、区域分区规划、场所空间形态和设计元素等方面去实施，兼顾不同健康状况和需求层次居民的要求，强化场地的可视性和可达性，建立自组织性和能动性较强的社区景观生态系统。

社区花园的可持续发展需要政府的政策引导和项目驱动及NGO等不同组织和部门之间的协作。

社区花园的发展通常包括休闲、公共健康、可持续发展实践、环境教育、生态服务、食品获取及安全、邻里和谐、工作培训、青少年及老年人参与等综合目标。而我国目前主要由企业资本运作的农业休闲项目对于公众参与、可持续发展和环境教育以及生态服务功能关注不够。这需要政府如城市公园管理中心、现有的相关NGO组织、科研单位及艺术机构等形成伙伴关系共同推动社区花园的发展，合力为地方社区创造多方面的直接利益和衍生利益，同时对城市环境、社会、教育等产生积极影响。对于中国政府主导型社会，项目驱动是一种比较有效的促发方式。政府的引导和鼓励政策以及项目驱动都将起到促进作用，如新加坡国家公园局的"锦簇社区"项目。项目的运转应该包括对可能作为社区花园发展的城市公共土地建立标准，设立租赁制度和期限并提供必要的物资和技术支持。

美国社区花园从国家及城市政府、组织和民众以及教育科研机构等建立网络化协作使社区花园得以持续发展。如美国社区花园协会（ACGA）对于帮助美国和加拿大社区花园的持续增长和网络化发展起到推动作用。而纽约公园局和绿拇指、康奈尔大学的合作拓展项目、绿色游击队、纽约城市环境理事会；西雅图的公园与游憩部和"P-Patch项目"以及华盛顿大学参与和研究等组织机构共同合作努力，在支持社区花园的个体、企业和机构之间创造了关联网络。此外，城市植物园在促进社区花园和城市环境健康发展方面也起到了教育、示范和推广作用。如纽约布鲁克林植物园的"绿桥（Greenbridge）"项目，植物园与街道、社区花园和其他社会服务团体广泛合作，通过教育、保护和伙伴关系促进城市绿化美化。NGO组织在资源动员、环保、救灾、助贫等方面具有快速反应力和行动力，在参与社会治理和公共服务方面是政府和企业之外重要的补充。目前各个省市都有基于社区参与和环保的组织，如北京的"社区参与行动服务中心"、深圳的"绿典环保促进中心"、上海和广州的"绿根力量"、河南"绿色中原"等。这些组织主要通过一些项目倡导和普及公民参与社会治理、可持续发展实践如垃圾分类和园林垃圾的堆肥等，而社区花园能够综合集聚社区力量建立社会资本、实施有机堆肥、生产等可持续实践、普及环境教育等。我国目前尚没有真正意义的社区花园组织，这需要具有组织力和号召力的民间领导者对社区花园的促发，也需要政府、机构、学术团体、艺术家和设计师团队等对社区花园理念和实践的支持。中国目前已经出现的社区花园相关实践，如社区支持农业的（CSA）北京小毛驴市民农园及其衍生项目常州大水牛市民农园；北京丰台区南苑村一分地农业体验园；上海马桥乡土农情园；广州的快活田心租赁农园；杭州麦河生态农业的萧山屋顶农场、杭州濮家小学屋顶农园等，这些实践引起了比较广泛的关注，但缺少相应的政策将这些项目纳入与城市绿化、生态、环境相关的体系。中国如果有政策的引导和场地的保证，机构的管理和扶持，民间NGO组织的加入，志愿者和社的积极参与，大学和科研单位的技术支持，艺术家和设计师专业力量的介入等，社区花园这种基于民间的可持续发展实践对于公民意识的提高、环境教育、社会的自我服务、自我管理和自觉参与、增强社区凝聚力和自豪感等都有着积极的作用。

7.4　从可食景观到活力社区

社区花园一般位于住区、园区、街区和校区等地，其规模可大可小。景观的可食性和民众的参与性是社区花园的重要特点。进入21世纪后，社区花园在国外有两个发展方向，其一是传统的社区花园，也就是社区农园或分配花园；其二是城市社区花园。其中，美国社区花园的非营利组织和相关项目对社区花园的可持续发展有极大推动作用，近年来在可持续理论的影响下，其对社区花园的生态环境和生物多样性也较为重视。在中国的高密度城市中，由于土地稀缺，加之社区花园的不便管控性，社区花园一直没有得到广泛推广。目前国内比较有代表性的社区花园实践集中在北京、上海和深圳等地，例如，2002年，俞孔坚教授团队在校园中进行农业生产活动，对植物的选择和旧物的再利用都符合永续设计的理念；2016年，同济大学景观学教授刘悦来博士带领团队在上海市建造社区花园，上海市的"创智农园"是一个具有代表性的社区花园，获得当地政府和企业的支持，作为街区型社区花园实验试点基地开放给周边社区居民，创智农园还作为朴门永续实践基地，传播朴门永续生活理念；2019年，在深圳市城市管理和综合执法局、绿色基金会、蛇口社区基金会和各街道社区居委的支持下，深圳市南山区成为市政府共建社区花园的先行示范区，截至目前已在南山区建成4个社区花园，其社区花园的设计与营建均运用了朴门永续设计理论。

都市朴门实践

2010年以来，在以上海为代表的高密度城市的中心城区，开放绿地空间的增量已近乎为零。如何在这样的背景下提高城市居民福祉，社区空间和城市隙地就成为优化存量绿地空间品质的前沿阵地。自2014年以来，上海四叶草堂青少年自然体验服务中心在上海中心城区陆续建成了多个不同类型的社区花园，进行了丰富的社区花园实践，探讨了公共参与及可食景观营造的可能性和方向。上海四叶草堂青少年自然体验服务中心，是一家主要从事自然教育与体验、永续设计以及社区营造的民办非企业服务机构。服务对象以青少年为主，面向社区在地力量培育。四叶草堂倡导朴门永续的生活理念，致力于在都市小微空间进行社区花园实践；以大自然为导师，开展自然保育和营造活动，让土地生产能力与公共空间品质得到提升，找回人和土地最深切的联结。四叶草堂的最终目的是助力生态文明建设，促进社会和谐。上海市杨浦区是四叶草堂最重要的活动场所，目前正在进行和完成的主要有平凉睦邻中心、创智农园、鞍山四村"我们的百草园"以及抚顺路363弄"芳园"等项目。其中，平凉睦邻中心项目包括一块100平方米大小的屋顶和部分室内空间。四叶草堂在屋顶现有场地整理的基础上，融入艺术化的改造手法，增加了可食地景、香草花园等朴门花园元素，不仅丰富了植栽品种和内容，提升小空间的生产效率，而且能够适应开展多样性的活动。在小小阳台上，实现了"照顾人、照顾地球、分享多余"的美好价值。创智农园是上海市第一个开放街区中的社区花园（Community Garden），是杨浦区绿化委员会办公室绿化管理创新实验点，由瑞安集团创智天地主办，是"创新驱动城市可持续发展"的理念在"可持续发展、社区繁荣和人才成长"的企业社会责任方面大胆创新、积极实践的产物。创智农园由四叶草堂负责设计维护和运营，以都市农耕体验为主题，建立社区情感纽带，让儿童探索自然世界，了解农作物从种子到食物的过程，将人与人、人与自然、城市和农村有机地连接在一起。四叶草堂的社区花园实践均是在"都市的朴门"理念下展开的，旨在探索城市微空间的自然保育及社会参与方式，期待通过朴门营造的途径在城市隙地中播种绿色，连接城市与乡村，使之形成一个有机的生产的共同体。上海的社区实践基于高密度都市公共空间或社区共有空间，其用地属性决定了种植可食地景带来的收获物分配复杂性，所以作者团队的实践在种植元素方面强调非常见蔬菜瓜果，产出以园艺科普教育为主。社区花园作为公共空间使用的一种形式，没有参与改变土地性质和绿地属性，而是一种功能的叠加——以深入的社区参与丰富了城市绿地的内涵。从参与设计到在地营造再到维护管理机制的建构，这种建构是基于空间的自然保育和修复，又在不断加深人与人之间的联系，逐渐成为公众日常生活的有机组成部分。在其开展的过程中，直接指向了生态文明建设和社会治理创新，实现了人们对美好生活追求过程中不平衡、不充分的弥补和修复，这正是上海社区花园实验的当代价值所在。

2015年11月在台湾高雄召开的"两岸三地公共艺术研讨会"第二届研讨会上，禾磊艺术总监吴慧贞发表了题为《挖掘世界长新之道——新类型公共艺术》的演讲。她希望公共艺术是可以去应对复杂环境的一种有机模式，可以对真实环境提供创造力，这是公共艺术无可回避的命题。她指出在现今的网络社会，不管是创作还是分享的过程，都已经脱离了传统公共艺术程序里所谈的民众参与，个人体验是公共艺术中重要的价值，她所做的"华山绿工场"案例就是探讨如何从今天的理念去建构社会的网络分享，以及如何扩大公共艺术的社会内涵、创作内涵以及分享的可能。项目邀请社区的居民来体验种菜的乐趣，也通过这个活动来让大家讨论如何掌握食物的主权，不仅是食物安全，还包括经济上的主权。通过菜园认养等活动，将这种生活方式带回当代生活中，不论在阳台、屋顶还是城市的任何角落，只要你认为它是有意义的，就可以去复制和推行这种绿色的生活方式。在华山绿工场的种菜活动，不是耕种，而是一个艺术行动，唤起台北市民关注生活。种菜看似很简单，但覆盖了社会的很多层面，有教学、导览、知识梳理、"华山论菜"等，延伸出很多的活动。这个活动扩大到社区网络、学界以及文史工作者、社区大学和周边社区居民等范围，最后演变成一个市民运动。

案例：上海创智农园

创智农园是上海市内一个具有代表性的社区花园，建于2016年，面积为2200平方米，位于上海市杨浦区五角场街道高密度居住区中，周边多是居住小区和商业楼，有丰富的商业和人口多样性。它是在政府和企业的支持下建造的开放式社区花园，管理方是非营利社会组织，花园服务面向周边社区的居民和社群，由所在地块的企业方提供运营资金。

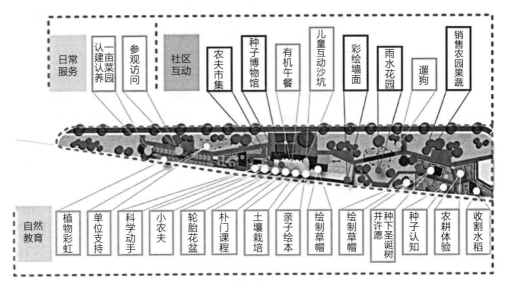

图7-15 创智农园活动分布图（图片来源：四叶草堂）

功能分区

创智农园受朴门永续设计理念的影响，其功能区以设施服务区为中心，周边围绕公共活动区、朴门实践区、种植菜园区、食物森林区和自然景观区（图7-15）。园中分布许多可持续设施和生态设施，例如土壤修复的设施和景观：堆肥箱、香蕉圈、厚土栽培等；雨水收集的设施和景观：雨水收集桶、雨水花园、池塘、集水沟等。

设施服务区是一个由3节集装箱改造成的构筑物，内部设施完善，包括储藏室、餐饮区、吧台区、卫生间、桌椅和投影仪设备，可以提供活动交流、教育培训活动，以及简单的饮食。在公共活动区为满足各年龄层社区居民的需求，设置了休闲广场和游乐设施，如沙坑、戏水装置等。朴门实践区有雨水收集桶、香蕉圈堆肥区、堆肥箱、螺旋型种植床等。种植菜园区是付费园艺区，以一亩菜园的形式为会员提供园艺种植场地。一亩菜园的会员费用是其运维资金的来源之一。

运营管理

创智农园由瑞安集团创智天地主办，四叶草堂社会组织管理运营。运营管理策略分为内部运营和外部运营。内部运营策略：农园管理规范化、制度化；建立农园管理员团队，工作职责划分明确；活动策划机制完善；自助导赏系统完善。外部运营策略：以社区营造为核心、以开放活动为联结、活化资源，口碑变现（图7-16）。

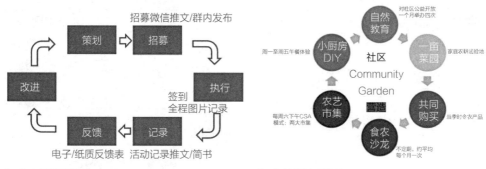

（a）内部管理策略　　　　　　　　　　（b）外部管理策略

图7-16　创智农园运营管理策略（图片来源：四叶草堂）

社区活动

创智农园的社区活动以社区营造为核心联动周边社区居民，社区活动多数由四叶草堂举办，联合周边社区居委或外部企业和机构，主要参与者是社区居民。社区活动类型包括社区花园日常维护类、娱乐休闲类和知识学习类。社区花园日常维护类活动，例如修剪植物、种植水稻、收集整理植物种子等；娱乐休闲类活动，例如社区晚餐、农夫市集、环保市集、儿童暑期夏令营等；知识学习类活动，例如花园设计与建造课程、自然观察活动、专家讲座、旧物改造课程、插花课程等。

存在问题

大部分社区活动由创智农园的运营团队举办，社区居民角色是活动参加者。作为社区花园的实践基地，应该逐步使其公众参与向协作参与的方向发展，使社区居民以活动主办者或协办者的身份与他人协作，并高度介入实际活动中。需要培育并建立社区花园居民自治队伍，提高参与者的园艺水平和组织活动的能力。

经验汲取

（1）在专业指导团队的带领下，以创智农园为生态基地，以朴门永续设计理念为理论指导，开展面对面形式的生态知识科普教育课程和活动，增加参与者对城市生物多样性的了解。

（2）社区活动丰富，居民参与度高。

（3）社区居民和运营团队一起成立了志愿者队伍，并通过志愿者工作条例来管理。社区居民和周围高校学生共同组成了花园日常维护志愿者队伍，他们通过线上联络交流可以自主地选择维护的时间和任务。

图7-17 "告别围墙"社区公共艺术活动

图7-18 创智农园"破墙开门 从梦想到行动"

　　创智农园老旧社区由于围墙的隔离，到农园参与活动需要绕行。在设计师发起的农园公共艺术活动中，在墙上画了一道五彩缤纷的魔法门（图7-17），更预留出了一条通向这扇门的道路，希望未来真的能够打开门，拉近农园与住区的距离。通过在地社会组织团队与政府的沟通，以及社区的努力，在花园边围墙上凿开一个小门，冠之以"睦邻门"（图7-18），打通了新老社区之间的空间隔离，促进了2个社区的邻里交往。带着"打破心墙"的寓意，作为多元参与社区共治的典型项目，连续入选2017、2018年度上海手册及2018年中国（上海）社会治理创新实践十佳案例。

7.5　从人的世界复归到万物自然

　　自然系统是各种复杂关系的集合，各种生物与大气、海洋、河流和土地之间有着复杂的共生共演的关系；地球是一个生命与非生命世界相互作用的复杂系统。人类自身只是这个沟通天地万物的网络系统中平等的一分子。中华文明可以绵延几千年不绝就在于农业生产能够处理好天地人的关系，今日的生态失衡亦源于传统农耕文化的衰落。所以欲修复自然与生态，必先修复文化和精神。生态与诗意建构的乡村建设实践即是帮助我们学会倾听和尊重自然，重建一种对于天地和生命的信仰。它既是融合艺术、哲学、农业、生态和科学的跨领域探索：通过种植和建设整合传统农业、朴门永续、自然农法、设计、建筑和工程。它也是通过对话与沟通建立互信、活化社群的跨主体实践：结合在地的生态与文化，通过公共艺术行动恢复民众对传统的信念，唤起公众对土地河川的关注。它以自然之法修复受伤的土地和河流，与杂草、昆虫和鸟儿为友，进行跨物种的合作，努力恢复生物多样性；最终获得安全健康的食物，修复我们的身体，实现"身"与

"土"的良性互动和循环，即人类与自然的和谐共生。

"零废弃"艺术节的策展人靳立鹏先生提出：呼唤自然的复归是对工业文明的反思。工业文明这个巨大机器将自然资源吞噬转化的最终结果即是围城的垃圾。垃圾是工业文明的内在顽疾：假如地球是一个被称之"盖娅"的生命体，不断蔓延的垃圾堆是否是其不断扩散的毒瘤。为了能够知行合一，他们将在艺术节推行"零废弃"理念，将创意与想象融入对于"废弃物"的转化，使观者能以新的视角看待这些废弃物，想象它们的来龙去脉；以培养一种对物的尊重和敬畏，一种俭省和联系的意识，而不再是用毕就扔的消费文化中的盲目与无知。"零废弃"艺术节的具体倡议如下：

（1）在宣传和展示物料上使用环保材料，不用KT板等难降解材质。

（2）鼓励自带水杯，准备玻璃杯，尽可能不用一次性塑料和纸杯，不准备瓶装水。

（3）茶歇食品包装尽量避免独立包装。

（4）用餐尽可能"光盘"。

（5）鼓励自带餐具。

（6）准备垃圾分类箱。

不沾油的果皮、蔬菜等单独收集用于堆肥/塑料制品/纸制品/有毒物品。

（7）对回收物进行后续处理；联系相关部门。

（8）鼓励艺术家以此为主题进行相关的创作。

（9）节约艺术创作所用材料。

（10）以电子形式发布各种信息。

案例："加辣图书馆"工作坊　共绘农耕历

　　加辣图书馆是一个与公众分享生态辣椒种子和农耕杂志的公共艺术项目。它包括一个邀请公众来集体创作的不断"生长"的、以二十四节气为基础的农耕历，从而创造新的交换，并鼓励大家种植自己的食物。农耕历将被绘制在边长1.6米的正方形画布上；最后与农耕杂志一起被展示于艺术节的其他空间（图7-19）。

二十四节气是古人以宇宙和自然的节律运用于农事和生活的典范，蕴含的是天人合一的智慧。在该项目中，正在与我们渐形远去的节气被集体地绘制和呈现，象征着传统和自然的在现场的复归。农作物种子与节气一样是人与天地自然长期合作的结晶；它虽微小，但却饱含生机，沟通着我们的身体与大地。作为一个精神的仪式，辣椒种子在活动中的分享不仅呼应了在地的文化，而且似乎在言说着被工业文明异化的现代人可以从生产自己的食物重新建立起与大地联系的可能。

——自然的要求 | 策展人　靳立鹏

"加辣图书馆"的概念是与农民分享有机种子、在地农耕知识（杂志书）的"社会实践"之延续，为了在永续和互助的基础上建立新的社群关系。此前，这一分享活动已在香港元朗与街头农民商贩，在安徽碧山与年长的农者，以及北京郊区和印度阿瑞农场等地开展。城市化与年轻一代的背井离乡留下的是一笔巨大的农业赤字，使耕耘的重担不得不落在留守的父老乡亲。此时艺术家如何提供与传统农业不同的思路，并鼓励他人去耕种自己的食物。为此"加辣图书馆"与"生长的农耕历工作坊"项目希望激发与公众的对话，致力于一个可以直面"种子主权"、土地抗争和气候变迁等话题的永续的未来。

——工作坊导师 梁志刚 & 郭逸朗

　　"加辣图书馆"工作坊的导师之一郭逸朗是一位来自香港的设计师和手艺人，于2014年开始农夫小贩的项目，创作一系列的物品和行动，借以提高本地生产、社区经济以及公共空间的意识，曾在亚洲艺术文献库《香港对话2016：走出前浪？》中分享他进行农夫小贩的创作过程，目前他在自住的社区内，游击贩卖自己缝制的产品，实践自主生活。而另一位导师梁志刚是艺术家、设计师和都市农业实践者，他是农业创意组织香港农场（HK Farm）的创立者，也是香港油麻地社群艺术项目上海街工作者的创立者之一，他的艺术实践包括都市农业、市场售卖、小说写作和社会参与式艺术。图7-20~图7-22为"加辣图书馆"以往的项目现场照片。

图7-19　加辣图书馆共绘农耕历

图7-20　农民街卖家，2015

图7-21　社区耕种计划，2016　　　　　　　　　图7-22　土地展望-香港农庄，2016

7.6　从复归自然到社区康复花园

全球在经历第一次世界大战、20世纪30年代经济萧条以及第二次世界大战以后的不同时期，不同类型的社区花园对缓解食物短缺、维持生计、增进社区凝聚力以及促进社会和环境的可持续发展等起到了重要作用。20世纪70年代以后，随着各国对环境、经济社会和文化可持续发展理念和实践的不断探索，在世界范围内对社区花园形成了多种认知，也演化出很多种类型及对空间的创新利用方式，如蜜蜂/蝴蝶花园、治疗花园、农作物认知花园、屋顶有机蔬菜花园等，体现了维持城市生物多样性、环境教育、社会和文化表达、增进社区活力等多种功能和意义。欧美的社区花园还时常提供一系列文化教育活动，艺术展、戏剧、舞蹈表演、婚礼和生日庆典、青少年教育项目等，吸引了不同兴趣、年龄、职业和教育背景的群体，已不仅仅是园艺活动。社区花园培育包容性并为个人创造了展示机会，这也是社区花园能够长期维持的重要因素。

社区花园兼具生态、园艺、美学、社交等复合功能

以纽约为例，当代社区花园主要在城市废弃或空置的小块场地上发展而来，大部分社区花园的规模小于1英亩（约4046.86平方米），由邻里居民或社会团体组织管理，在发展之初就具有鲜明的社会和环境关注。在把低效城市零散土地转化成富有生机的花园实践中，对物质循环利用、有机园艺、青少年环境认知和教育以及文化交流和传承等方面进行了多方面的探索和经验积累。在可持续发展和环境教育方面凝聚了邻里、机构和组织以及杰出的社会活动家等多方面努力。纽约社区花园在形式、功能和文化等方面呈现极大的灵活性和多样性。除了服务于普通社区，有专门针对不同年龄群体的花园，如强调青少年环境认知教育的学校花园，主要由退休人员参与的银发社区花园；针对不同

社会群体参与的社区花园，如低收入社区、少数族裔如拉丁社区的花园；关注身心恢复的治疗花园，如帮助心理或身体残障人士恢复的社区花园等。功能上有些社区花园主要作为邻里休闲放松的绿色空间，有些则是以生产为主的作物繁茂的小型农场，但大多数社区花园具有混合功能，既能够参与园艺活动，同时提供生态、美学、社会交往等功能。而纽约社区花园的文化多样性，从园艺植物品种、传统种植方式的实践和传承到花园小型公共艺术、环境教育以及社区节事活动等也有多种表现形式。中国的社区花园研究起步相对较晚，主要集中在基本功能、类型、经营和科普教育等方面的研究，近年来也开始在一些城市进行试点建设。其中，具有代表性的社区花园项目萌芽于2014年的上海，由刘悦来主持的"四叶草堂"团队引领，随后北京、成都、杭州等地也陆续兴起，在城市微更新中展示出较大的发展潜力。

7.7 基于园艺疗法的康复花园营建

园艺疗法起源于美国，先驱者之一是费城医疗研究院（Institute of Medicine and Clinical Practice）的一位教授，后由本杰明·瑞希（Benjamin Rush）医师在1798年第一次向世人提出通过花园工作有减轻患者症状的效果，1806年欧洲也展开了这项活动。园艺疗法是一种利用植物和园艺活动对人们的身体、心理、社会和教育等多方面进行调整更新的治疗方法，其研究对象为有需要在身体或精神方面进行改善的人，如身体残疾者、智力障碍者、视力障碍者、学习障碍患者、心理障碍患者等，以及亚健康人士等。2016年，哈勒（Haller）和克莱默（Kramer）在《园艺治疗方法（第二版）》一书中提出了园艺疗法的最新定义，即园艺疗法是一种以客户为中心的专业治疗方式，其利用园艺活动来满足参与者特定的治疗目标或康复目标，重点是最大限度地提高人的社会机能、认知机能、身体机能、心理机能和健康水平。园艺治疗可以增强体质、增强自信心、重拾自尊心、消除挫折和紧张情绪、提高独立实践能力、激发创造性、培养社交能力、帮助患者正确面对成功和失败等，从多方面促进患者身心健康发展，促使其逐渐康复，也可以让健康人释放压力、感受轻松愉快的生活。花园对于精神不安、神经系统及因自身生活工作压力而产生超过正常行为的患者来说，是一种极好的疗法，特别是对精神压力较敏感的患者更显著。在生活质量不断提高的当今社会，特别是进入21世纪以来，园艺疗法已超越了疗养、治病的范畴，成为让健康人更健康的标志。园艺疗法是一门相对较新的工作领域和研究领域。其作为一门新兴的交叉学科，囊括了医学、植物学、园艺学、社会福利学、心理学、人文科学和经营学等学科于一体。不同地区的园艺疗法学科体系存在一定的差异，美国模式重视园艺操作技能和园艺治疗专业技能培训，同时加强理论基础学习，并组织学生积极参与园艺疗法实践；以英国为代表的欧洲模式更加重视参与者的心理状态，强调心理辅导技巧的重要性；而日本模式较重视园艺疗法的基础原理，从植物对人产生的五感入手开展多种园艺疗法庭园设计和疗养。

案例："绿化我的贫民窟"巴西生态与社会修复项目

在巴西第二大城市里约热内卢，有五分之一的人生活在条件艰苦、人口密度极高的贫民窟（Favela）中。荷欣尼亚（Rocinha）贫民窟坐落在山坡上，不仅是南美最大的一个贫民窟，同时也是全世界最大的十个贫民窟之一。在这极度拥挤、资源紧缺、污染严重、土地贫瘠的地方生活着被边缘化的底层社群。这里曾被贩毒匪帮控制，毒品走私猖獗，暴力与谋杀频频。在这个社会与环境问题极为严峻的地方，美国艺术家李·瑞考（Lee Rekow）博士勇敢地发起了生态与社会修复项目"绿化我的贫民窟"（Green My Favela，GMF），希望通过社区食物花园的建设来修复退化的土地和社群的身心。首先她设法融入当地社群，与其建立信任，获得他们以及仍然控制这一地区的毒枭的允许来开展社区耕种的实践。实际上，这些贫民窟都是当地人所建，政府并不提供任何帮助，甚至不负责垃圾清运等市政工作。所以当地除了密集的房屋就是垃圾场，并无可以耕种的土地（甚至没有室内厕所，如厕只能户外）。由于没有垃圾清理，垃圾露天焚烧成为常态。焚烧使带有铅污染的空气粉尘弥漫于空气中，因此当地孩子因铅中毒导致癌症和神经疾病的概率比正常地区高出500倍之多。因此建立食物花园最为重要的工作不是种植本身，而是用人力将多年来堆积如山的生活和建筑垃圾艰难地移走来创造耕种的空间。从最贫穷的地方建立第一个花园开始，该项目总共建立了48个花园，总共由350个长10米的花坛构成；每个花园可以供养大概60到100人。她们免费给予他们种子和工具，开展堆肥、生态农业培训和儿童工作坊，帮助修缮基础设施和美化社区，为不同年龄的人提供就业机会。特别是很多年轻人参与进来，看到毒品之外的就业可能（假如孩子无所事事，从小受到毒品文化浸润，就很可能加入贩毒团伙）。瑞考并不向他们灌输空洞抽象的概念，而是通过从种植、施肥和观察植物生长中与他们进行基本的交流，以"润物细无声"的方式进行思想渗透。参与种植的居民虽然不会得到收入，但他们可以完全自主地决定工作时长、所种的品种、收获物的分配，可以互相切磋、互通有无、共同劳作和经营，以及协商解决相互的纠纷。食物的生产创造了公共交往和互助的空间，创造了"润滑"社群关系和壮大社群的机会。它鼓励一种网状的本地主义（Localism），提倡小农之间的合作和集体共有。这既催生了新兴的本地市场和小贩，也加强了居民对社区的认同感和归属感。

全球老龄化不断发展　中国步入老龄化社会

现在全球高龄化社会在不断发展，我国国家统计局于2019年8月22日发布《新中国成立70周年经济社会发展成就系列报告之二十》，报告中显示：随着老年型年龄结构初步形成，中国开始步入老龄化社会。人口老龄化的加速，是进入新时代人口发展面临的重要风险和挑战。新中国成立70年来，我国总人口由1949年的5.4亿人发展到2018年的近14亿人，年均增长率约为1.4%。庞大的人口总量为中国经济的腾飞提供了宝贵的人力资源，为中国特色社会主义现代化建设奠定了坚实的人才基础。70年来，随着经济社会的发展、医疗卫生水平的提高和国家人口政策的变化，我国人口再生产类型发生了两次转变。新中国成立之初，我国人口出生率为36.0‰，死亡率高达20.0‰，自然增长率为16.0‰，平均预期寿命仅为35岁，属于高出生率、高死亡率、低自然增长率的传统型人口再生产类型。新中国成立后，社会环境恢复和平，人民生活水平不断提高，医疗卫生事业逐步发展，到1957年，人口死亡率已下降至10.8‰，自然增长率升至23.2‰，人均预期寿命升至57岁。伴随死亡率的快速下降，中国人口再生产类型较快实现了第一次转变，进入了高出生率、低死亡率、高自然增长率的过渡型阶段。进入20世纪70年代，生育率得到有效控制，人口再生产类型开始出现以出生率下降为主的第二次转变。报告指出，人口再生产类型的转变导致了人口年龄结构的老化。2000年，我国65岁及以上人口比重达到7.0%，0~14岁人口比重为22.9%，老年型年龄结构初步形成，中国开始步入老龄化社会。2018年，我国65岁及以上人口比重达到11.9%，0~14岁人口占比降至16.9%，人口老龄化程度持续加大。我国人口年龄结构从成年型进入老年型仅用了18年左右的时间。人口老龄化的加速将加大社会保障和公共服务压力，减弱人口红利，持续影响社会活力、创新动力和经济潜在增长率，是进入新时代人口发展面临的重要风险和挑战。

在这种状况下，社会问题，特别是来自高年龄层人群的忧虑会越来越多。除了社会相关结构整体调整及社保体系的进一步完善之外，园艺疗法也将成为缓解全社会问题的手段之一。种植植物及参加园艺活动将大大改善人们生活的状态，减缓社会对高龄者的压力。值得注意的是，人们认为一说到疗法，就一定是针对有病的人而言，但实际并不完全如此。植物、园艺活动对每个人都会起到一定的作用，对亚健康群体更是效果明显，对于有一定的身体或精神障碍的人群来说所起到的作用也很明显。在城市里生活的人群往往心理压力也较大，交通拥挤、物价高、房价高、工作难、上学难等问题给人们带来了焦虑、紧张、恐惧、自卑等负面情绪，使得都市里的人群多处于亚健康状态。无论是对健康人还是对有疾病的人群来说，园艺疗法都具有相同的效果，也就是说，园艺疗法是使参加者的身体得到运动，呼吸新鲜空气，消除紧张疲劳，了解有生命的植物，并与环境融为一体的一种综合性的活动，而且是一种没有任何安全问题的日常性的活动。从近年来的研究得知，园艺疗法在身体与精神双方均呈现十分显著的作用。根据相关研究，园艺疗法的功效可以归纳为以下几点：

（1）刺激感官。植物的颜色、形状、气味、可食用性会刺激人体的感官系统，让人体的感官体统更佳敏，另外，一些特殊植物的香气不仅对人体嗅觉有刺激作用，其所携带的物质还有能够提升人体免疫机能，促进患者康复。

（2）强化体能。园艺疗法在广阔的室外，在进行园艺操作的过程当中，操作者能够锻炼其身体的各个部位，强化身体体能，促进身体更加健康。

（3）调节情绪。园艺中的绿色能够使人体情绪安定，让人的心神回归自然，缓解内心压力。植物所散发的香气，使游人愉悦身心。

（4）促进社交。园艺建设能为游人提供交往平台，在园艺活动时与其他游人洽谈，增强园艺的趣味性、互动性，让观赏者内心更为开阔。

园艺疗法作为一种自然简易的辅助性治疗方法，在国外已被运用在一般治疗与教育和复健医学方面，例如精神病院、教养机构、老人和儿童中心、勒戒中心、医疗院所或社区等。在实施的过程中，利用园艺操作活动，对有必要在其身体以及精神方面进行改善的人们，从心理、身体、教育以及社会诸多方面进行调整更新的综合治疗。新类型公共艺术对园艺疗法的介入过程中，要注重运用园林绿地环境、园艺植物以及园艺活动对参与者产生直接或间接作用，艺术家与设计师可选择的与社区参与者进行的园艺活动有多种多样的形式，如植物栽培、修剪美化植物、鉴赏花木、远足、郊游、植物手工艺操作、艺术品制作、开挖土壤和砍伐树木等。1982年6月，第7届卡塞尔文献展的开幕式上，波伊斯实施作品《7000棵橡树，城市造林替代城市管理》，他的规划是：寻求卡塞尔市政府和市民的支持，在第7和第8届卡塞尔文献展中间的5年内，由志愿者在市内种植7000棵橡树，并在每棵橡树旁放一个120~150厘米高的玄武岩石条。任何想要参与的人，可以买下并种植一棵或数棵树和石条，不住在卡塞尔市的人，可以请人代替种植（图7-23）。波伊斯设定了一个文化纲领，用橡树800年寿命之长和玄武岩的坚硬壮硕作为象征，期待推动一种"人类生存空间"的美化与改造，呼吁世人追求世界的永久和平。波伊斯用他积极的行动践行着用艺术塑造社会的理念，他亲手种下了第一棵橡树，最后一棵橡树则是由他的儿子代替他种植，那时距波伊斯去世已经一周年了，如今，在卡塞尔市随处可见的"7000棵橡树"枝繁叶茂，对卡塞尔市和市民们的影响一直持续着（图7-24）。波伊斯的艺术创作，以"社会雕塑"的形式将艺术场域扩及社会场域，从关注于空间场所性的装置艺术转为关注在地创作的讨论与观念发展，在更广泛的范围内形成艺术的"公共性"，这些都践行了新类型公共艺术的理念：公共艺术是社会场景的一部分，公共艺术的设置从静态的陈列转向为

图7-23　7000棵橡树，1982　　图7-24　7000棵橡树持续的社会影响

促使事件与行动发生的场景。

案例：北京市西城区FHY社区针对高龄空巢老人的园艺活动

通过研究发现，园艺治疗作为一种回归自然、无副作用的治疗方法，在国内外运用实践多在特殊群体及亚健康人群的康复治疗上，比如残疾人、精神病患者、智障和犯罪者，治疗自闭症、抑郁症和药物滥用，预防老年痴呆和帮助恢复自信心等。应用的方式主要是通过开展同质性小组，将服务对象聚集在一起，当组员进入开阔的绿色环境中，欣赏美丽的自然风光时，就会产生愉悦、放松的心情。并且通过一定的手工种植、插花以及户外操作的形式，调动其听觉、视觉、嗅觉和触觉，来协调组员的肢体动作和手脑运作，提高身心健康。同时组员之间产生互动关系，形成小组之间的交往互助，以此来增加交流沟通，扩大组员之间的交际范围，提高其交往频次。结合北京市西城区FHY社区的高龄空巢老人的实际情况，为了缓解高龄空巢老年人孤独感问题，设计组建同质小组通过4节小组活动，提升交往能力与自我效能感，进而改变老年人孤独感较高的问题。在社区进行广泛动员与宣传下，投入3~5名专业社工运用园艺治疗的理论和社会支持网络理论，开展4节园艺小组活动，同时招募6名低龄老人志愿者与高龄老人在每次活动中形成结对帮扶，主要以种植花草及制作相关艺术品活动形式为依托，帮助老年人达到锻炼身体与心情愉悦的效果，体会园艺的疗愈作用。在活动中高龄空巢老人通过与组员产生共鸣，实现正向交往和互动，增强了老年人之间的同辈支持，消减部分的负面情绪，同时通过花草的茁壮成长以及压花等艺术作品的成果展示，共同提高老年人的积极的自我认知与成就感，降低高龄空巢老年人的孤独情绪。并且，在小组中也开设老年人同子女互动环节，让老年人更好地体会生命分离和重组的状态，增进子女和老人之间相互理解，改变空巢高龄老人的消极认知，更好地提高自我认同感和自我效能感，降低孤独感。另外，通过低龄老人志愿者与高龄老人形成结对帮扶的形式，由志愿者发挥自身力量，在日常生活中陪伴和帮助有需要的高龄老人，巩固和延续了小组活动的效果，也营造了良好和谐的社区氛围。

案例：奶昔树——为脑瘫儿童设计的康复训练装置

pH+建筑事务所为2016伦敦建筑节设计了一个体验丰富的小型花园，位于格林尼治的Peninsula广场。作为一个表达包容感的空间，奶昔树这一装置的灵感来自位于哈林盖伦敦脑瘫儿童中心（LCCCP）的康复训练装置（图7-25）。装置引导并鼓励儿童通过声音、气味、移动和可反射的表面来游戏互动。奶昔树是寓教于乐理念的一部分，这正是LCCCP推崇的理念。机构通过使用为脑瘫或运动障碍儿童开发的特殊教学方法，目标是鼓励残疾儿童变得独立、自信、自尊，从而充分发挥他们的潜力。该装置的命名来自一个孩子的要求，他希望新的中心有一棵奶昔树。装置位于NOW画廊之外，包括一条倾斜的走道，走道被木条构成的围篱所包围，并与一个铜木琴结合在一起，儿童路过的时候可以弹奏（图7-26）。走道围绕着一个12平方米的金色镜面体块，镜面上裁剪出了树叶形状的图案，体块中有一棵东亚唐棣树和一个玻璃棱镜，创造出万花筒般的颜色和光影（图7-27）。

图7-25　奶昔树康复训练装置

图7-26　可供弹奏的铜木琴

图7-27　反射周边环境的玻璃棱镜（图7-25~图7-27的图片来源：网络）

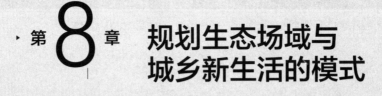

第 **8** 章　规划生态场域与
城乡新生活的模式

　　公共空间在城市生活的发展与变化中，存在着差异性与共性。艺术的介入往往改变了城市公共空间的性质，发挥着积极的作用，使之具有新的意义和公众参与性。城市是以人为中心的生态系统，公共艺术作为城市中的物质空间与精神空间的联结，无时无刻不在呈现人类的生存状态。自然生态的物种多样性保证了系统的稳定和谐，同样，城市生态系统也需要多元化的结构和功能来保证其稳定的发展。城市文脉是城市生态的内在结构，它随着历史的变化而变化。城市文脉的追溯是对整个城市生长性的反映，不仅可以保留住城市的记忆，对城市发展也有着重要的意义。艺术以介入的方式传承城市文脉，追溯城市生态的初始状态，使城市生态得以健康发展。社区是城市环境中重要的公共生活空间，社区生态的健康发展需要社区居民与自身生存环境的和谐相处。社区生活中，居民有责任有义务参与和提出意见，公共艺术在此过程中扮演着重要的连接作用。作为城市生态不可分割的一部分，自然环境的生态观决定了城市居民的生活感受与行动方向，通过表现自然环境的现状，人们可以重新关注生存环境中的各种现象和问题。公共艺术则通过艺术表现与不同的媒介融合，反馈人类与自然环境的关系变化，帮助人们逐步形成对环境的认知。人文环境的营造就是对个体表达的鼓励与引导，将人的本质、价值、需要与自然、社会放在同一个关系中，以平等、合作、交流、融合的态度面对不同文化背景的人，在生态系统中形成良性的人文艺术场域。城市也是自然的产物，有着自身的新陈代谢与循环往复，艺术重现了这种生命肌理，并引领人们参与其中，共同塑造栖息之地。城市不是独立发展的生态系统，不应仅由经济物质的发展来衡量价值，它需要不断反观历史、协同发展、找寻平衡、共建人文生态来呼吸吐纳，完成生态循环。

8.1 以艺术为环境　规划生态场域

场域理论是由法国学者布迪厄首先引入到社会学中，用以探究社会学问题，场域和生态都是描述社会空间的理论隐喻。社会空间是由行为主体（Actors）、位置（Positions）和联结它们的关系来定义的。布迪厄称为"行动者"（Agent）的行为主体可以是个人、团体甚至是诸如行业和国家之类的复杂社会实体，但它们必须在目的性行动中有相当程度的自主性，并且拥有某些形式的资本。位置是指社会空间中的坐标地点；行为主体所受到的各种结构性制约取决于它们在社会空间中所占据的位置。人类生态学（Human Ecology）被定义为"研究被选择性、分布性和适应性的环境力量所影响的人类关系的时空性"，它是一个关于社会空间的理论，强调行为主体对社会环境的适应和行为主体之间的生态互动。与场域理论相似，它描述了"一种不如机器或有机体统一，但比由古典自由主义中自主性、原子化的个体或者微观经济学中依概率互动的理性经济人更统一的社会结构"。随着环境问题的出现和社会矛盾的深化，场域理论逐渐扩展延伸，学界出现了"生态场域"这一概念。"生态场域"是指某个特定的关系网络集合，它以特定的时间与空间为集成要素，相互融合形成。在这个复杂交叠的关系网络中，所有的参与者以遵循秩序为基础，恪守本位，实现良性互动，从而实现对自身价值与社会价值的重新塑造。生态场域理论蕴含着秩序、本位、互动、超越四个层次的内涵；为了使社会恢复有序状态，有必要建立一个"场域"。构建生态场域对社会的良性发展具有极大的意义。在这里，我们把人、自然及艺术这三个要素放在一个共生的场域中使之形成一种和谐的共处关系。

开放式的对话　以文化多样性复育生物多样性的环境艺术行动

苏珊·雷西在《量绘形貌：新类型公共艺术》里提到："艺术根植于倾听本身，它把自我与他者交织一起，提供一种透过经验的流动。它不是透过自我去定界限，而是透过相互的同理心模式扩展到社区。因为这种艺术是以倾听者为核心，而不是以视像为依归。它无法透过个人表白的方式被理解，只有透过对话才能完整呈现，作为一个开放性的对话，一个人倾听，并且包含进其他人的声音。"对话作为一种公共艺术的表现，脱离了作品必须依附在物件上的必要性，进入空间，成为行动，乃至扩散到人群、社会以外的环境和生态。2008年北回归线环境艺术行动的海区蚵贝地景艺术论坛，以对话作为切入环境的路径，模糊了视觉性与非视觉性的界线，将艺术的公共性指向了人们生活中的日常与未来性。通过跨领域的对话、滚动式综合治理策略、阶段性行动方案，对话得以不断滋生出相应的行动和新的对话，来回应变动的环境，这是一个以文化多样性复育生物多样性的案例。

艺术介入环境问题　从短期速成手段转化为持续行动的发酵

　　2008年，"北回归线环境艺术行动"在经过了三年的积累后，通过海区计划蚵贝地景艺术论坛中有了更进一步的发展。该论坛以跨领域交锋为基础，邀请了艺术家、策展人、不同领域的专家学者、在地社群组织以及相关政府官员参与，为解决嘉义县沿海地区蚵产业所衍生的废弃蚵壳带来的环境卫生问题，思考以艺术手法将废弃蚵壳作为材料，在已经废晒的盐田上进行大地艺术创作。由于嘉义县的沿海乡镇（东石乡和布袋镇）是台湾蚵产业重镇，在思考沿海地区的环境问题时，显而易见的废弃蚵壳堆自然成为首当其冲的环境卫生问题。为了快速消化这些所谓环境卫生问题的元凶，艺术被视为解决问题的最佳手段，一是可以担当起废弃物回收再利用的任务，符合零废弃的环保概念；二是可以在看似一片荒芜的西南海岸上，创造一个（或数个）视觉上的惊艳焦点。论坛分为两个阶段进行，第一阶段以生态导览和基地考察为主，还包括产业参访、与社区居民对话；第二阶段则是密集的学者专家对话，包括两天的论坛会议、综合讨论，以及第三天以大地艺术方案归纳为主旨的工作坊。在工作坊中，透过集体创作的脑力激荡，归纳出一份蚵贝未来企划案（三项作品方案）以及英国生态艺术家大卫·黑利（David Haley）提出的五个方案，供相关政府部门参考运用。在论坛的多方交会中，也发现原先被视为环境卫生污染源的蚵壳，其实具有多重经济和生态价值，而原先被视为无用的废盐滩，其实也蕴涵着丰富的生态资源。同时，一个具有全球性高度，更是地方需要切身面对的环境问题在论坛上被提了出来，也就是气候变迁、全球温室效应和海水上升的挑战。蚵贝地景艺术论坛的召集人、出身于布袋盐工家庭的台大城乡基金会资深规划师蔡福昌，也对论坛设定的目标抱持着相当开放的界定。因此，尽管论坛结束了，针对消化蚵壳而生的大地艺术创作工作坊所策划的未来建议作品方案也并未执行，但在后续发展中，因蔡福昌以规划师的角色和身份承接了在论坛中所引发的对话效应，分别借由云嘉南风景区管理处委托的"南布袋湿地改善复育调查规划"研究以及嘉义县政府就布袋湿地公园硬件建设完工后，如何进行经营管理的计划，让更多在地和跨领域人士参与进来，产生更多新的对话，也让公共论述的能量从论坛更进一步地向外释放。原来被视为荒芜之地的废弃盐滩，竟然是鸟类栖息的湿地天堂。因而在区域规划方面，采取了生物圈保留区的理念，以物种保护为优先，尊重原有的地形、地貌，并衡量规划范围内的环境资源条件、地点区位、交通动线和设施现况等因素，进行综合评估，将整个规划范围分为五大主题分区，作为未来湿地改善复育的空间治理架构。这当中，生态复育和气候变迁是核心价值的概念，艺术则被赋予行动的媒介这一角色，"借由多元参与式行动计划的介入，集体拼贴与共创湿地复育地景"。参与这项先导性行动方案的人士包括驻村艺术家、社区规划师、渔民、农夫、盐村居民、生态养殖业者、生态环境保育人士、地方文史工作者、纪录片工作者，乃至在地学校师生与生态和水利及海洋工程等专业学者。透过各项学习工作坊，他们不但彼此建立联系，逐渐形成一个地方网络，并且也从各自的角色出发付出努力。例如：自主研发风车绿能并积极在校园中推广的社区人士李泳宗，发誓要养出快乐的虾子的水产生态养殖业者邱经尧，主张人鸟共存、生态和经济可以互不相斥的渔民蔡俊南，把观察环境变迁和记录视为己任、积极以公民身份回应相关环境政策的纪录片工作者邱彩绸，以及引导学生培养环境生态观察能力与兴趣的新岑小学等，他们都以具体的生产行动和生态关注，反映了大卫·黑利所提出的"积极的生活本身便是社区、社群的艺术。这种积极性在社区、社群中是一个不断进行的过程，而此过程也才能回应地景、地貌乃至海岸地区的变迁"。同时这也是蔡福昌所提出的"以文化多样性来复育生物多样性"的具体实践。虽然大卫的方案最终并未获得任何政府部门的支持与执行，但论坛的结果却以另一种方式在地方上深化发展，它标记了艺术的定义和功用在此有了进一步的转化，从一种被急切地想要用来解决眼前问题的短期速成手段，过渡为一种细微却持续深化的长期发酵。

树梅坑溪环境艺术行动　以艺术的开放性链接多方参与的环境行动

2011年5月11日，台北"不可小觑：10组艺术家对能源和灾难的想象策略"是一个关注能源议题的展览行动实验。在福岛核灾事件的震撼尚未平息的该时刻，艺术家及时提出种种对于能源在当代生活和艺术生产里的反思与想象，将探索到的各式线索，编织入理解当下的脉络里，与进行中的社会议题平行对话，并展开思辨能源、灾难与生存的可能策略。时代性所扣连的文化生产如何反映在当代艺术的展演行动上，是该计划对艺术社会性的重要尝试。行动主义者和当代艺术家之间有着诸多相互挪用的共同策略，然而当艺术社会性的检验被放置到"介入社会"的有效性、"媒体操作"的技术等面向去思量，却往往因为无法在思维的确立与现实对应的支点而被泡沫成为一种再现影像。"不可小觑"所再现的则是艺术与社会的相互建构与观看的关系——在于敞开同时性对话辩证的空间、创造改变现实的转机；在该时刻，如何建构去抵御一种可能被集体社会意识形态所牵制或窄化的思考路径，如何去想象生存在这个时代，一个能源战争的时代。展览中有九成的作品为一个月内发展完成的新作。张立人以DIY核电厂纸模型爆炸的画面，转译现实中不可控制也无法预料和复杂的人为变因。黄博志以想象核灾导致西红柿突变，又面临生质能源挑战而创造出西红柿汁太阳能染敏电池。由吴玛悧等人所组成的树梅坑溪环境艺术行动团队，则是提出竹围地区低碳流域的行动方案。刘季易则将一篇前美国总统艾森豪威尔对原子和平发展的联合国大会演讲稿，改写成一封他寄给奥巴马的信，讲述再生能源作为真正的和平能源的未来。诺努客行动团队则呈现了过去两年间的反核行动文件展。

这其中，我们重点来探讨一下台湾高雄师范大学跨领域艺术研究所教授吴玛悧的研究及其创作，她持续关注艺术在公共领域可以发挥的作用。20世纪90年代，她的作品从女性主义角度进行政治社会批判，2000年始，她展开以社群为本的新形态公共艺术作品计划，在2000~2004年与台北市妇女新知协会玩布工作坊合作，进行"从你的皮肤苏醒"，以翻转传统女红概念，透过布与织缝探讨女性的生命历程；2005~2007年在嘉义县策划"北回归线环境艺术行动"，让偏远居民的文化参与权受到关注；2006年"人在江湖—淡水河溯河行动"、2012年"还我河山—基隆河上基隆河下"则与社区大学合作，让河川及环境的真实处境受到更多的讨论；2010~2012年与竹围工作室共同合作的"树梅坑溪环境艺术行动"，透过一条被忽略的小溪，重新探问生态城市以及都市发展的问题。"树梅坑溪环境艺术行动"于2013年获得第11届台新艺术奖。吴玛悧生活在台湾树梅坑溪的中游，下游"臭水沟"对当地居民带来负面影响。经调研发现上游的河流原生态仍良好，下游的"臭水沟"原是河流。过去四五十年间人口从几十户发展到一万多，原本零落的房屋变成高楼林立、地铁连接的大型生活社区。吴玛悧指出"所有环境问题背后其实是文化问题"，短短十公里的树梅坑溪正是台湾以经济发展为主轴之下人们对待自然的缩影。她策划的"树梅坑溪环境艺术行动"以艺术作为环境与河堤污染的反思，关注社区生活质量，通过交流带来新层面的观点触碰。她以早餐会形式，在公共空间做展览，并与当地大学教授、小学教师合作，把环境问题放在教案之中，带来了很好的反响。孩子们从小建立起环境意识，对周遭的环境、自然的河流进行实地探索，教育回归自然。许多学生的毕业纪念册最后表达了深深的对河流与自然的热爱。退休的教师离职后仍继续关注环境问题，将教案以及与环境相关的最新资讯放在互联网。吴玛悧的艺术行动以水连结破碎的土地，以行动建立起与树梅坑溪的关系，并以艺术之开放性联结起各专业人员以及当地居民，尝试让环境艺术成为改变行动的力量。

2015年7月2日，柔性改变：台湾艺术计划"微型小革命"（Micro Micro Revolution）曼城开展。展览旨在强调艺术在台湾社会现实所产生的改变力量。来自台湾的策展人吕佩怡带来三组艺术计划："树梅坑溪环境艺术行动""河岸阿美的物质世界""五百棵柠檬树"。这三个艺术项目都是以过程为基础，长期参与社会的行动，分别将艺术视为关注环境生态的方法，作为社会运动的另类策略，作为交易交换的平台。这三个计划对待社会议题不采取挑衅路径，而是使用一种柔性策略、生态友善态度，以及强调艺术的疗愈力量。正如吴玛悧所说"编织关系"，计划已产生某些社会效应与改变，这也就是这个标题"微型革命"之意义。透过这个展览同时也展现台湾社会的多元样貌，以及不同于西方当代艺术的独特艺术路径。这三组艺术计划分别为：艺术作为一种环境的吴玛悧竹围工作室项目"树梅坑溪环境艺术行动"；艺术作为一种社会运动的卢建铭与许淑真（已故）项目"河岸阿美的物质世界"；以及艺术作为交换平台的黄博志项目"五百棵柠檬树"。三组艺术计划都经过长时间的酝酿与亲身历行，是项目开展人的生命历程的一部分，并在某种程度和意义上对所在社区和社会带来实质的与思想层面上的改变。

越后妻有大地艺术祭 重塑人与环境的互动与秩序

越后妻有，有着沉静动人的秀丽风光、悠久的历史和深厚的文化底蕴。随着日本经济以城市为核心的爆发式增长，越后妻有等农业地带的发展出现衰退，和其他典型的日本传统村落一样，出现了人口流失、房屋空置、空心化、老龄化等一系列严峻的问题，200余个村庄中出现了50个老龄化村落、20所废校、上千间空屋，65岁以上的老人占到当地人口总数的30%。在此情况下，日本政府开始关注乡村的发展，以新农村运动完成基础设施的建设，包括水利、通电、公共设施等，为后续的建设作铺垫，随即在提高生活环境的基础上着手保护传统村落的生态环境，并依据此实现自然资源的保护性开发与利用，发展具有地方特色的主导产品和主导产业，推进了具有各自地域特色的现代日本乡村的形成与建设。

越后妻有所面临的问题，本质上是随着社会经济的发展，农村发展的不断失序的问题，因此"生态场域"理论的引入，对于引导传统村落社会回归正常的、有序的运行轨迹就显得尤为重要。故而除了对艺术家与作品的要求之外，更重要的是，如何通过公共艺术节的运作，以艺术的方式，整体性地做到社会秩序的调整与引导。面对诸多的困难，策展人北川富朗选择了以艺术这种相对柔和的手法去介入村民的生活，他一点一滴地去逐渐了解、深入、追溯村庄的历史、风土人情，并设法用有趣和有亲和力的艺术方式渗透进入，以便于村民去触碰、熟悉、了解艺术。他采用协作的方式让当地人参与作品之中，用艺术把过去人们聚集的场所，共同拥有的喜怒哀乐变成作品，成为艺术，去唤起当地人的自豪感，去感动外来者，去赞美这里的生活。"生活的积累本身就是文化"这一社会性艺术的观点，以及对艺术的认知、判断、理念，决定了越后妻有大地艺术祭的作品和组织方式，比如社会性的艺术、人口凋敝、老龄化、梯田的流失，这些问题看似在"艺术"之外，与艺术无关，而实际上，艺术原本就蕴藏在日常生活中，"空间再使用"让学校成为美术馆、闲置空间恢复使用、强化民宿产业，实则都是通过熟悉可感的事物，用以建立一种让人切身感受的生理性作品，从而恢复乡村的生活，共同构建秩序的基本框架。

农、林之路 竹、丝之岗 艺术介入链接城市生态环境

2018年4月29日，由艺术家徐坦发起的"农、林之路 竹、丝之岗"项目发布会在扉美术馆举行，该项目是艺术工作者协同不同领域的人士共同进入社区，以社区种植为主题进行研究和实践的项目（图8-1）。艺术家徐坦作为项目发起者，在扉美术馆的协助下，建立共同工作小组，其成员包括来自华南农业大学、中山大学社会学系等不同专业的学者、有意参与社区活动的各种人士，以及长期从事都市天台或小块地种植实践而颇有经验的人士（图8-2）。项目实践的场所以扉美术馆所在的竹丝岗社区为基地，每位参

与者均从自身研究角度切入进行共同讨论与工作，之后成果将在扉美术馆以展览等形式呈现。在过去5年时间里，徐坦一直进行着社会研究性的艺术项目"社会植物学"，他和他的团队在珠三角展开田野调查，了解其土地使用、植物种植以及人的饮食情况等。此次他在竹丝岗继续他的研究，项目为期约一年，探讨当代社会环境下，都市社区的居住的人们，如何看待和理解人与社会、环境的关系，以及人与自身、他者关系的意识状况。他从社会植物学的角度去解读社区名字——"农、林之路　竹、丝之岗"，通过种植行动，促进社区的活力和能量。项目涉及了今天人们必须面临的、无法回避的复杂问题，例如城市和自然纠葛的生态关系，或者我们如何看待自身和植物界发生的伦理关系等。"社会植物学"曾参与第九届上海双年展（2014）、第三届乌拉尔当代艺术双年展（2015）、京都国际现代艺术节（2015）等重要展览。每到一处，徐坦都深入本地社会生活，去与本地的居民、植物学家等各界职业人群进行调研和访问，研究本地语境下的植物与社会活动之间的联系。

　　2018年12月3日，"无界艺术季"（第一回）在农林下路扉美术馆举行，这是一个创造艺术与生活无界相连的节日，18位当代艺术家、众多艺术团体、广州美院实验艺术系的研究生集体以及竹丝岗社区的民众们共同创作，他们的作品将在这个艺术季的四个月时间里逐渐推出，艺术创作和艺术活动将贯穿整个艺术季（图8-3、图8-4），其中，艺术家余睿经过三个月的走访发现，竹丝岗的居民对于鸟类的存在非常友善。她的"竹丝鸟鸣"作为艺术家对城区的改造，了解到人与自然的和谐相处，应该放在一个公共空间，便有了这个作品（图8-5）。在居民公共活动区域，用"竹子"做串联的圆形鸟笼建构，笼门可以打开，里面有食物和水，欢迎鸟儿来到居民的活动区域，这个区域既是竹丝岗居民的活动区域，也是鸟儿、动物们的活动区域，希望展示社区是愿意与动物一起分享社区空间的，体现了人与动物和谐共处的社区环境。

图8-1　"民众花园"种植与维护
（2018年11月~2019年6月27日）

图8-2　华南农业大学天台调研和交流
（2018年7月20日）

图8-3 无界艺术季 图8-4 "移动的美术馆"工作坊 图8-5 "竹丝鸟鸣"
              巷子花园（2018年7月30日~8月）

第三届"长江上下：公共艺术行动计划" 艺术成为社区友好对话的社会剧场

2020年11月，第三届"长江上下：公共艺术行动计划"作为四川美术学院重大学科项目"生态的艺术、艺术的生态：2020当代生态艺术季"的重要平行展板块，在2019年"因缘聚艺 众生关切"的基础上，继续在重庆黄桷坪"铁路三村"工业遗址空间社区深耕细作，从"物生态""境生态""仁生态"三个视角来回应时代话题。本次公共艺术行动计划更重视从环境出发去关注社群的场域与社群环境美化，在关系美学和情境美学中探讨社区环境的营造与提升。"人人生态、人人公共"，更多地从社会和文化的角度去探讨社群人文传统与精神价值的共识性与共建性，以及良性的公共关系，更侧重于生态的东方价值思考，逐步实现社区重塑以及创生新的社群营造。本届"长江上下"延续了"自下而上""超整理"与"1+1"等的艺术生产路径与方法，通过跨学科、跨专业、跨领域的多方合作，集结了中国国内八所知名院校（西南民族大学、四川美术学院、湖北美术学院、南京艺术学院、江南大学、中国美术学院、上海大学上海美术学院、同济大学），共同深入地开发社群观察和思考的方法，创造新生活模式，让艺术创造一种美好的社群会面，让艺术成为一种共善与持续价值生产的社会中介，让艺术成就社区友好对话的社会剧场，回归诗意的家园。

众生堂（草生民间）在社区持续生长的中药铺

这是一个3米×2米×1.8米的综合材料公共艺术装置作品，以传统中草药铺为空间原型，关注公众性与在地性的需求，从生态性出发创作可持续性发展的社区公共空间。具体实施时，通过公共艺术的介入，将原先用来放置清洁用品的绿皮屋改造成铁路三村共有的新鲜中草药铺，并以废旧塑料瓶作为种植容器，充分利用社区现有的中草药资源，动员对种植感兴趣的居民，激发居民共同参与草药种植的社区微更新活动。这个可持续发展的社区中药铺将焕发勃勃的生机，激励公众重新审视社区可利用的现有公共资源，并设置社区草药守护人的后期维护运行机制，让居民以个人身份自觉维护属于自己的那份草药，并带动和鼓励他人将草药相互分享，促进社区邻里交流，共同创建和谐美好社区（图8-6~图8-17）。

　　在来重庆之前，我和我的导师范晓莉老师根据线上其他小组的前期现场调研资料，以朴门永续设计原理构思创作了三种与种植相关的艺术方案，来到这边后发现现场情况和我们想象的不一样，且居委会主任明确表明不允许种菜。之前设想的方案一下子全被否了，我和导师商量后决定迅速改变思路，但是我们并不想改变初心，那就是通过种植活动来传达人类与自然共生的理念。如何迅速找到理想与现实的结合点，这是一个摆在眼前的迫切问题。为了尽快找到突破口，在到达社区后的第一件事就是把自己的身份转变成当地居民，迅速地融入铁路三村社区中。很快，我就发现当地居民家中有不少人在种植中草药，可能是因为当地日照不足反而更适合中草药的生长。我迅速和导师商量后，她很赞同我的思路，我又转身征询居委会主任的意见，他竟然同意了，说只要不是种菜就行。好了，突破口一下子找到了，我当时特别兴奋，马上着手进行场地的选择和方案的深入设计。在驻地创作的半个月里，很多的时间都用来和三村居民进行各种闲聊，从他们口中去了解铁路三村的故事。一次，两次……N次后，当再碰到这些居民时我们就成了无话不谈的熟人。所谓闲聊，就是不提前预设目标，在取得居民们的信任之前尽量避免带有很强目的性的沟通方式。在与当地社群建立良好关系和基础信任之后，通过他们和居委会等多方力量使作品在实施过程中变得更加顺利。按照作品工作量来看，约有一大半都是居民来完成的，而我的工作更多是从方案设计、社群动员、创作指导和设置运营机制等方面入手，协同共创完成这件作品。这件作品原来定的名称是"草生民间"，既诙谐又贴切，我自己还挺满意的，当时也得到了很多院校指导老师的认同。但是后来我们的社群共建群里，居民们针对取名进行了热烈的讨论，其中一位嬢嬢提出来自己的观点，我们在经过仔细商讨后达成一致，将作品名称改为"众生堂"。通过这件事情，更让我意识到社区公共艺术的真正价值和意义，认清艺术家在社区创作应该秉持的立场。在离开社区后众生堂还在持续增长，居民在自发进行着很好的维护，我期待下一次与它还有那群可爱的居民们再相见。

——创作者　江南大学设硕1906 孙磊

图8-6　铁路三村中的原始场地

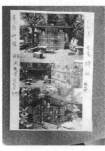
图8-7　共建居民在中意方案上签字

图8-8　艺术家带领居民们开始清理房屋基层

图8-9a　居民利用回收的旧塑料瓶制作种植容器　　图8-9b　经过改造和彩绘的种植容器

图8-9c　悬挂起来的种植容器　　　　　　　　　　图8-9d　居民从家中带来中草药植物
进行移栽

图8-10　装扮完全融入当地社区　　图8-11a　社区公共艺术作品　图8-11b　社区公共艺术作品《众
的艺术家孙磊　　　　　　　　　　《众生堂》雏形1　　　　　　生堂》雏形2

图8-12　美好邻里种植日活动，分享中草药/中医科普/招募社区中草药守护人

图8-13a　社区中草药普及活动

图8-13b　社区居民在学习中草药常识

图8-14a　为中草药们设立居民药草守护人

图8-15　《众生堂》项目完成后居民们自发提出对周边座椅设施进行持续改造

图8-14b　《众生堂》每一棵中草药植物都由居民们自己来守护

图8-16a 阳光下的《众生堂》 图8-16b 《众生堂》正在健康 图8-16c 《众生堂》最终完成
                        持续生长

图8-17 铁路三村
居民和艺术家孙磊
在《众生堂》前幸
福合影

8.2　助力城市转型与乡村振兴　构建城乡新生活

我国城乡二元结构的问题由来已久，主要表现为城市和乡村在政策制度、经济结构、基础设施、消费水平等方面的差异。改革开放以来，长期形成的城乡隔离发展带来的社会矛盾日益突出，城乡居民收入差距大、城乡空间布局不合理、城乡基本公共服务不均等问题严重制约了全面建成小康社会的步伐，城乡一体化的思想逐渐得到重视。习近平指出："我们要建设的现代化是人与自然和谐共生的现代化，既要创造更多物质财富和精神财富以满足人民日益增长的美好生活需要，也要提供更多优质生态产品以满足人民日益增长的优美生态环境需要。"实施乡村振兴战略的根本指向是通过健全体制机制形成城乡融合发展新格局，实现城乡二元结构这个不平衡、不充分发展问题的实质性化解。进入新时代，城乡二元结构所带来的社会问题得到了缓解，但我国城乡一体化的进程仍处于初级阶段。新形势下城乡融合的实现途径有待进一步发掘和改善，以促进城市与乡村、传统与现代、人类与环境的均衡发展，开拓现代化建设的新局面，新型生活方式的构建是实现城市转型和乡村振兴的重要途径。

一方面，老旧社区处在一种人们对居住环境要求日趋完美的过程中，但实际上个别社区安全维护不完善、停车难、建筑陈旧、绿化环境不佳等问题此起彼伏，环境问题更加值得关注。如"社区实验艺术+社区更新设计"——四川美术学院"社区营造"工作坊活动以老旧的黄桷坪正街社区为实验对象，通过艺术创作、空间重构、功能修复、环境设计与视觉设计等手段，深入社区，改造废弃的砖房，开展"社区营造"专题工作坊，邀请政府部门、设计师、当地艺术家和居民共同参与，从人性关怀和艺术介入的角度寻找设计的更多可能性，将文化艺术和社区更新进行跨界深度融合，转变了社区的生存和发展模式，为居民营造了更好的生活和文化环境。另一方面，中国特色社会主义进入了新时代，城乡融合发展呈现出多元化的实现方式。在乡村振兴战略的指引下，诸多来自城市的建筑师、艺术家、高校教育者步入乡村，将城市中的人才、创新资源，通过艺术的手段与乡村中的文化资源、传统工艺、社会问题进行有效的、针对性的对接，为城与乡之间搭建起互惠互利的桥梁，为城乡居民带来了新的生活体验。

早在20世纪二三十年代，梁漱溟先生关于乡村就提出了"中国国家之新生命，必于农村求之；必农村有新生命，而后中国国家乃有新生命"，之后以他为代表的一群知识分子开启了乡村建设运动。民国知识界的先行者梁漱溟、晏阳初等先生发起的"乡村建设运动"曾经带动了600多个社团1000多个实验区，波及整个中国，是中国农村社会发展史上一次十分重要的社会运动。20世纪七八十年代，法国知识界艺术界的先行者曾把破败荒芜的南法普罗旺斯改造成国际一流的度假与隐居天堂。日本的艺术策展大师北川富朗先生用持续二十多年的"日本越后妻有大地艺术节"，把贫瘠的日本越后雪乡改变成全世界文艺青年趋之若鹜的艺术打卡圣地。受到梁漱溟先生"创造新文化，救活古村落"的乡村建设理论的影响，从2007年起，渠岩以个人的力量发起了以保护古村落为目的的"许村计划"。他作为志愿者长期深入许村，从身体力行在许村捡垃圾开始，影响和提升村民的文明素质，到保护和修复传统民居和建筑，给许村注入新的文化元素。他用"艺术推动村落复兴"和"艺术修复乡村"的手段，将许村改造为具有国际影响的国际艺术村及艺术家创作基地，成为研究中国乡村运动以及艺术修复乡村的重要现场和实验基地。许村计划不仅抢救了历史遗存，重启了濒临消失的古村落，带来了大量的游客，还吸引了很多外地打工的年轻人回来发展，找到了适合当地发展的生存机制。

中国艺术研究院李雷在《公共艺术与乡土文化自信》一文中提出，重建乡土文化自信关键有二：一是村民自身主体意识的觉醒，二是村民关于乡土文化的自觉。公共艺术作为一种后现代艺术形态，随着功能的不断拓展及其重要性的日渐凸显，逐渐突破城市公共空间的框囿而扩及至城镇、农村等更为广大的公共区域，并惠及普通的村民百姓。而且，公共艺术与我国的"美丽乡村"建设在共建共享原则上高度契合并彰显出某种精神同构性，因此，公共艺术在当下的"乡村振兴战略"中，尤其是乡土文化自信的重建方面，可以发挥重要的功能与作用。以改善城乡生活环境、转变居民生活方式为目标的城乡营造实践，通过艺术的介入与互动，探求当地居民的生活及精神所需，塑造民俗精神文化空间，转变了传统的以农业为主的生活方式，大大提高了居民的生活品质。

多元主体联动　艺术介入乡村建设

乡村振兴不仅关乎中国乡村的保护与重建，还关乎中国未来发展如何找到一个文化和经济的新增长点的问题，甚至关乎中国未来发展之路如何前进。在这样的背景下，许多艺术家、设计师也开始积极参与到乡村建设的热潮中，他们的参与对于中国目前的乡村振兴战略有何意义？并且艺术家与设计师是以何种方式介入乡村建设的？又有哪些有效的方式呢？方李莉所在的中国艺术研究院艺术人类学研究所从2015年开始每年举办一次艺术介入乡村建设论坛。为了将研究成果更好地呈现给社会，2019年3月23日至4月10日由中国艺术研究院主办的"中国艺术乡村建设展"在中华世纪坛展出（图8-18）。作为策展人，方李莉讲道："乡村在中国具有非常重要的价值，是中国的文脉所在。中国也是世界上最大的农业大国，积累下的农业文明知识和农业人口也最多，丢弃了乡村，就丢弃了中国的文脉……必须要把乡村建设起来，乡村的复兴，也是中国文化的复兴。这次展览就是想呈现出一种建设乡村的方式——艺术介入乡村。这一方式最大的特点就是能通过具有感染力的形式去唤醒沉睡的传统的非物质文化遗产，这也是艺术乡建的价值所在。"传统的看法认为乡村建设就是城乡中国、乡土中国必须要走向城乡中国，但方李莉认为不是这样，我们必然要从乡土中国走向生态中国、绿色中国，但这一切都是要以乡村为基础的。因此，"艺术介入乡村建设展"也是秉持着这样的理念："以艺术为桥梁恢复乡村的人文系统和自然系统，使人类从工业文明转向生态文明，塑造人类新的

开始。同时，也使中国人重新认识自己的传统文化，找到回'家'的路。"（本节内容来自雅昌专访整理）

· 从许村到青田　艺术促进乡村复苏

中国和顺·乡村国际艺术节是许村国际艺术公社主办的两年一届的艺术盛事，在渠岩先生和当地村民以及政府和企业的努力下延续至今。"许村计划"是从2008年开始持续至今，是以当代艺术介入社会的个案。

当代艺术家渠岩在许村成立了国际艺术公社，力求将"创造新文化，保护古村落"的概念注入许村，为即将衰弱的乡村找到新的文化原动力，他希望既能为来自世界各地的艺术家在中国传统文化的腹地带来惊喜和启发，也能激发创作者与自然的深层交流，又能为当地居民带来新的世界观和生活方式。同时也期待将国际的当代艺术理念深耕于中国传统文化的土壤中，以及和当地社群共同创造生态、艺术与社会的对话现场，为艺术家提供一个社会与人文关怀相结合的创作空间。在这十年里，许村从一个被太行山阻隔的小山村以艺术之名走出太行山，走向世界。每一届一个主题，除艺术家与当地村民、孩子的交流外，还邀请社会学者、人类学家、教育专家等进行乡村问题的深入研究，为乡村复兴与建设提供研究文本。每一届"许村国际艺术节"的主题都有着地域、历史、文化、时代等阐述的命题，根植于许村自身的文脉与世界的关系，立足于当下与当代世界之间的问题（图8-19、图8-20）。以行动的方式来思考乡村的诸多方面，无论呈现、表述、阐释与发问，都可以提供一种角度，供社会思考，提供一种乡村实践的参照。中国的乡村是一个矛盾的综合体，时代巨变使得作为传统社会根系的乡村处

图8-18　"中国艺术乡村建设展"展览现场

图8-19　"庙与会"第五届许村国际艺术节，2019

155

图8-20　第五届许村国际艺术节部分作品（图片来源：网络）

境极为尴尬，既丧失承载社会道统的力量，又被时代高速发展的经济活动中的物质繁荣
所抛弃，使得城乡分化、割裂严重，甚至城乡对立。人被异化，人们对大地，对自然失
去了天然的情感。如何厘清乡村建设中社会系统的关节点，疏导栓塞、郁结，才能使之
持续发展。以艺术的方式介入乡村，修复乡村，区别于用政治的、经济的、商业的、一
切短促的、唯利的手段。艺术这样一个在社会中并不实用的行业，却以它独特的方式让
乡村以另一种方式重新呈现，规避掉了所有功利和实用主义的手段。用当代艺术的方式
与乡村的原始样本结合，让传统文明与现代文明以艺术的语言结合，让外来的人们和在
地的乡民用不同的角度来重新审视乡村。渠岩先生曾发表题为《乡绘许村：联动中的在
地实践》的演讲，分享了他如何通过艺术的方式来推动复兴乡村，他指出：艺术家通过
身体力行的方式深入乡村进行"多主体"联动与"在地"实践。"多主体联动"是指在
艺术乡建过程中需要不同主体的相互协调、相互尊重、相互妥协，最终达成共识，并在
村民意愿的基础上推进。这些主体包括：村民、乡村基层政权（如村委会、村小组等）、
在外工作的乡贤及知识分子、当地政府及外来的艺术家与志愿者。许村计划从2008年举
办的"许村宣言""许村论坛"等活动开始，后来又逐步进行对村落与民居建筑以及非
物质遗产进行修复和保护，并发起将艺术植入乡村的许村国际艺术公社、许村乡村艺术
节等活动，同时推动乡村启蒙与乡村助学计划，提出许村经济自救方案，包括农家乐、
民宿经营、许村农场以及农副产品加工等，通过艺术来恢复乡村精神与主体价值，推动
乡村复兴。在艺术介入乡村实践与地方重塑过程中，需要重估自我与他者，即如何在乡
村实践中强调自我与他者的关系。其中有两个方面的问题需要警惕：一是要警惕艺术家
的视界遮蔽地方主体的多样性，或用同质化的视觉习惯集体扭曲或制造某种陈腐的"乡
土"印象；同时也不能彻底取消外来者和艺术家的视点，否则"艺术介入"这一有判断
的选择将会失效，乡村也无法在艺术家的"地方重塑"中达到准确、恰当和有意味的呈
现。渠岩采取了"以艺术入手，促进乡村社会复苏"的方法，希望用艺术激活许村的活
力，并将许村作为反思中国文化的平台，探讨今日中国乡村问题及文明危机的根源，寻
找中国文明的源码，他提出了"艺术推动村落复兴""艺术修复乡村"的理念，以艺术
村的形式提供跨国及多元化的艺术合作平台，促进了各国艺术家同许村的交流，推动着
许村的复兴及发展。

"庙"是中国地方信仰活动的空间载体，"会"是各界力量汇集交融的文化方式。而庙会作为乡民公共活动的神圣之所，发挥着将世俗生活中渐次走失之力量、关系、情感及情谊，通过"在一起"才能发生的民俗信仰生活来修复，并从中更新人物、人神和人人的关系，尤其是修缮诸关系间的节奏，让不停蔓延的意义附着其上，生长出多样且共生的情感链接及认同来。

——渠岩

　　但许村仍实现了渠岩一半的理想，因为古时北方战乱频发，很多乡村文明破坏十分严重。相比之下，南方乡村文明比较完整。因此在对广东顺德地区的十几个村落进行考察后，渠岩找到了青田村。同许村只有历史而没有活力的现状不同，青田的风水、信仰、血脉、家族、书院，甚至传统的农业形态等都有遗存，在这里，渠岩发现自己可以做完整的中国文明复兴。渠岩认为：在发生主义的逻辑下，乡村被污名化了，乡村意味着欠发展，且必将走向城市化。但事实并非如此，乡村是传统文化最重要的密码所在，在当代中国，我们必须重估和重塑乡村的价值；他觉得坚决不能照搬国外的经验，中国的民族、地域、文化传统和现实困境同国外完全不同；中国乡村的问题是多方面的系统性的问题，用一蹴而就的、互动式的艺术节是无法真正建设乡村的。

　　2016年年初，渠岩团队介入青田后，首先做了一年的历史与社会调查（图8-21）。"青田范式"是建立在对青田乡村地方性知识尊重的基础上，思考如何与当今社会连接。渠岩把建设的路径落实在青田村的乡村历史、政治、经济、信仰、礼俗、教育、环境、农作、民艺、审美等各个方面，希望以此来建成一个丰富多彩的"乡村共同体"，创立了青田范式（图8-22）。这意味着一切规划与建筑上的设计和布局都充分尊重青田的历史遗存、水系文脉和地形地貌，保留青田原来的自然风格和建筑神韵，以文化历史、环境构造、物质社会、消费审美和心理感受几方面为基础进行考虑。青田，是一个祥和自足的理想家园，渠岩带领他的团队，试图构建一幅民居、家宅、庙宇、书院、茶屋、工坊、有机农场、文创基地等相得益彰的文明画卷。青田村远离城市的喧嚣和浮躁，一路走来，历经沧桑，它传承了先辈的血脉和文明信息，不紧不慢，等待后人将它传承下去。它让人们重新思考社会的构成和人的处境，是艺术家全面深耕乡村的实践。

图8-21　广东青田

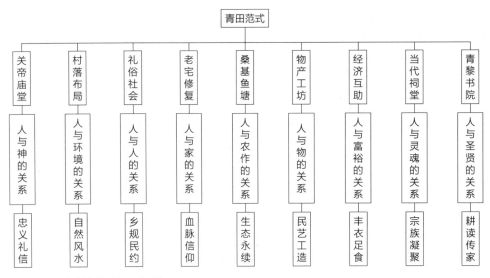

图8-22　渠岩创立的"青田范式"

· 铜陵田原艺术季　艺术打造乡村文旅品牌IP

2018年1月3日，"中国·铜陵田原艺术季启动仪式"及"中国最炫稻田宴"在铜陵市义安区西联镇犁桥村启幕。受铜陵市委市政府的邀约，"铜陵田原艺术季"由国内非常活跃的艺术活动家、当代艺术策展人梁克刚策划。此后的两个多月里，戏剧、音乐、诗歌及公共艺术创作、网红建筑、精品民宿、公共艺术、装置与雕塑、迷你美术馆、稻舞台、稻剧场、荷塘图书馆等渐次呈现。铜陵田原艺术季从2018年11月3日的启动仪式"稻田宴"开始至2019年5月17日的"重生/幻音徽祠"闭幕庆典，历时半年多。在半年多的时间里，铜陵田原艺术季带给了犁桥村系统性的变化，包括标志性视觉项目犁桥美术馆、星空泡泡野奢酒店、犁桥艺术图书馆等3座，立面、空间及景观改造（民宿、咖啡馆、乡酷艺术空间）5座，成熟艺术家墙绘创作20处，装置、雕塑作品创作9处，名家作品展示10处，整体视觉项目提升设计13项（导视地图、道路旗帜、艺术季海报、节目单、衍生品设计、民宿等建筑logo设计、入场券、嘉宾证设计、闭幕式视觉设计、艺术家展览海报、振兴乡村论坛整体视觉设计、主形象与logo、作品介绍牌设计）；标志性活动项目：在整个活动期间还成功举办了6场艺术类活动，2018年11月3日的"稻田宴"（完成外地特邀嘉宾30人，本地各界嘉宾290人，灯光音响舞台搭建1项），2018年11月3日~2019年5月17日的"田间戏剧节"（完成戏剧团体邀请演出3组），2018年11月26日"犁桥不插电"（完成10组民谣音乐人演出、2位重要演出嘉宾、1位音乐总监、灯光音响舞台搭建1项），2018年12月15日全国乡土诗会（完成青年乡土诗人邀请20人、评委3人、灯光音响舞台搭建1项），2019年5月16~17日艺术乡建在中国（完成重要嘉宾邀请4人、颁奖杂物1项、灯光音响舞台搭建1项），2019年5月17日艺术季闭幕式及颁奖（完成重要嘉宾邀请10人、新媒体团队演出1项、颁奖杂物1项、内外场灯光音响舞台搭建1项）。从视觉景观塑造到艺术活动铸魂，铜陵田原艺术季都用实际行动促进了乡村文化品质的提升，丰富了乡村文化内涵。2019年11月9日，以"艺术赋能乡村"为主题的中国·铜陵第二届田原艺术季又拉开大幕，依旧由梁克刚担任总策划人，铜陵市党政军领导都出席了启动仪式。第二届艺术季的总体思路是延续首届艺术季探索出的以艺术、设计、文艺综合赋能的基本模式，继续巩固前期成果、拓展范围、深化细节，将在犁桥范围内打造25~30个公共艺术景点，2~3处原创文化建筑，3个示范精品民宿等。将公共艺术创作、原创建筑、空间改造、视觉优化和活动内容植入等作为一套组合拳来整体解决乡村文旅品牌IP的打造（图8-23）。

同时，也将在义安区的大力支持下进一步完善犁桥周边的旅游配套设施、标识标牌、灯光亮化工程等。2020年，梁克刚团队将在犁桥村寻找合适的空置场地创建国际艺术家驻留基地，让更多国际艺术家参与到项目当中来。并且将尝试在村中开展非遗再造工程，将省市部分非遗项目引入犁桥艺术村，还将把"稻田宴""丰谷颂"（图8-24）等活动形式经典化、仪式化再造新传统、创建新IP。

梁克刚先生在国内实践以导入艺术、设计与时尚文化的形式来实现乡村振兴与文旅融合，使"艺术改变乡村"逐渐成为新时期乡村振兴与文旅融合的破题路径。铜陵田原艺术季成功地将多种艺术形式融合在一起，对犁桥村进行了立体式的改变。通过艺术家与犁桥村原有自然人文环境的互动，艺术媒介将原先村民熟悉的村庄环境变为一种"陌生化"的艺术环境，激发了村民重新认识乡村的兴趣，给村民与市民不同于日常生活的艺术体验。铜陵举办田原艺术季，并不是单纯地在乡村组织一次文化活动，而是以"艺术赋能"为手段助力乡村文化振兴，在为乡村文化振兴注入新动能的同时，推动当代公共艺术与乡

图8-23　将公共艺术创作、原创建筑、空间改造、视觉优化和活动内容综合植入

图8-24　"丰谷颂"农耕仪典

村生活融为一体，提升了乡村的文化品位，丰富了村民的精神文化生活，带动了乡村旅游产业发展，为乡村文化振兴奠定了文化底蕴。

自下而上　田野上的乡村公共艺术

·石节子美术馆　黄土地的自信和尊严

石节子美术馆是国内第一个乡村美术馆，其宗旨是尝试通过艺术的方式改变村庄。石节子美术馆是一个特殊的美术馆，由整个自然村庄的山水、田园、植被、树木、院落、家禽、农具、日用品及村民构成；你看到的、你感受到的都是艺术的一部分，六十多人十三户村民八层阶梯状分布够成十三个分馆。石节子美术馆每年不定期地举办不同类型的艺术活动，石节子村民与周边村民参与艺术介入艺术也分享艺术；村民与艺术家的交流带来了不同凡响的碰撞，给村民创造机会走出村庄，培养农民艺术家。更多人因为艺术的魅力走进村庄，发现村庄；村庄令艺术更生活，艺术让村庄更美好。近十多年的时间里，正是因为有了艺术的介入，石节子人经历了由闭塞到外界刮目相看的转变。"艺术村庄"的美誉成为石节子人自豪的资本，这是一个正在被艺术改变着的村庄（图8-25～图8-28）。靳勒，著名雕塑艺术家、西北师范大学美术学院副教授。作为土生土长的石节子村人，他更喜欢人们叫他"村主任"。靳村主任也不是浪得虚名，他不仅将艺术带入村庄，更以艺术为桥梁，多年四处奔走，多方筹资修好了石节子村通村公路，硬化了村间道路，每家每户通上了自来水，并将山下的温泉引入了村民家中，让雨水和艺术在乡亲们的心中都成了石节子最为重要的生存与发展元素，而靳勒就任"村主任"后所做的这些事，让行路难、缺水吃成为石节子全体村民的记忆，也让石节子村13户对选他为村主任的正确性更加坚信不疑。石节子美术馆的创立为石节子带来了巨大变化，原本闭塞的村庄与艺术、艺术家发生关系，面对面交流，使去大城市考察成为可能，美术馆的成立使村民重新认识了石节子村，也重新认识了自己，越来越多的外来人参观学习。不仅公共空间里有艺术家的雕塑等艺术作品，乡村里每年都会有各大美院高

图8-25　村庄的母亲

图8-26　人像

图8-27　山漩

图8-28　鱼人

校来石节子村写生创作。石节子村的活力被激发了，农民找到了自信和自尊，那份家乡的自豪感和荣誉感回归到石节子村，成为宝贵的精神财富。

　　在我看来农村未来的发展是一个悬而未决的问题，就像漩涡一样一直在旋转，却不知会转向何方。我准备用一种对立的材质，展现一种不可能的现象，从而体现我对这个山村未来的希望和信心。

——《山漩》创作者　岳琦

　　石节子美术馆最难得的就是在艺术介入乡村后，农民找到了尊严，有了幸福感和自信。农民有了尊严和自信，才能有创造力，乡村的建设才能真正开展。

——中国艺术研究院艺术人类学研究所　方李莉

　　从甘肃天水的泰安县城向西北方向5公里，拐进锁阳关峡口，再走二十多分钟的盘山路，就来到了石节子村。十三户人家，五十口人，散落在黄土峁上，从最高处的人家到最下面一户，落差100多米。村口路边第一眼看见的，就是"石节子美术馆"几个字，桃木枝拼起来的，歪歪扭扭，嵌在土崖上。这是靳勒不识字的老母亲"写"的。靳勒是西北师范大学美术系的老师，也是石节子村的村主任。石节子的变化，就是从靳勒当了村主任开始的。毕业于西安美术学院雕塑系的靳勒毕业后回到了兰州，艺术的理想和严峻的现实矛盾使他经历了漫长的纠结和寻找，直到42岁那年村民选他当了村主任，希望新村主任可以为石节子带来新的希望。新村主任的第一个手笔，是筹建了"石节子美术馆"。石节子的地貌错落有致，荒凉中有美，为什么就不能成为一个天然的美术馆呢？靳勒请了村里的几位老妈妈，写了"石节子美术馆"六个字，发到网上，请网友们挑选。最后，大家选择了何蠢蠢，她是靳勒的妈妈。在石节子，家家的土墙上都有一些"石节子美术馆"几个字嵌在村口的土崖上了。靳勒的设想是，今后每户人家都是一个分馆，石节子人，不仅是农民，也可以是艺术家。在石节子，家家的土墙上都有一些艺术类的照片，有村民去过德国的（2007年靳勒帮几个村民报名参加了艾未未的德国卡塞尔文献展《童话》），有日常生活的，大多是黑白色，被靳勒冲洗成一样的尺寸，如一条潜流，将每户人家连接起来。夏天时，靳勒回到村里，剃掉了络腮胡子。他拿了个推子，给村民们理发。落了一地的头发、胡子全收起来，要完成一件叫《基因棒》的作品，村民们直接叫"泥棒子"。正值农忙，村民们在干活的空隙，就来做"泥棒子"。他们从村头取来红土，和成泥，把毛发、破衣服的布条，全和进去，共做了300个。2015年8月，它们被送到新落成的银川当代美术馆，参加当年的开馆展览。一个"泥棒子"50块钱。靳勒说，就是不谈艺术上的价值，至少给村民们带来了一点收入，大伙儿都挺高兴的。和其他村庄不一样，石节子几乎看不到垃圾。在这方面，13户人家很齐心，垃圾能烧的，都塞炕洞里烧了，实在烧不了的，也要倒得远远的——乡政府的垃圾车目前还到不了村子。村民们记得村主任的交代，不乱丢东西，比如家里的旧鞋子啊，酒瓶什么的将来都有可能也能成为艺术的素材。艺术让石节子人多了些自尊，也多了一点自信。有了"石节子美术馆"，来小山村石节子的人一下子多了。艺术家来了，中央电视台来了。当地的官员，也闻讯来了。村里渐渐有了些变化。或许是因为见过了太多艺术家，经世面了，如今的石节子人，不管见到谁都会热情地打招呼，不再畏畏缩缩了。回到故乡的靳勒，和他的艺术家朋友们，想通过艺术给乡村带来更多的变化，但和艺术比起来，现实太沉重了。2015年，"造空间"艺术家琴嘎和靳勒一起发起了"一起飞"艺术实践计划。支持20多位艺术家，在石节子这片贫瘠荒凉的黄土地上，和村民共同创作，展开精神层面的互相帮助，"面对未来"。2015年5月，艺术家们一起在村里抓阄，和村民结"对子"。"一起飞就是艺术家拉着我们村民一起往前走。"这是村民的理解。其中一位艺术家刘伟伟注意到了村里闲置的路灯，注意到每家房屋的裂缝，他感受到这里的贫困，不仅是生活上的，也是权利意义上的。这个年轻的艺术家思考更多的，是如何在石节子"激活基层政治空间"，他说："要搭建一个公共生活的框架，让他们能呈现自己的生活。毕竟，艺术家会离开，而村民们要生活在这片土地上。"2015年12月31日，刘伟伟带着副村主任和农民群众演员老杨一起到了县城。在县政府农委办，刘伟伟和工作人员商量：每年县上都有农业会议，2016年，能否搬到石节子来开？一句话，让接待的人愣住了。"可能对他们来说，所有的会议，都是从上而下来开的，哪有一个小山村自己要求来开会的？"刘伟伟想起接待者的愕然，忍不住笑起来。不过工作人员虽然诧异不解，还是对刘伟伟和李保元的问题都作了解答。当晚，石节子村已漆黑一片，人们都早早睡下了，这里是被世界遗忘的角落。夜里两点多，睡在土炕上的刘伟伟，用手机发出了一篇"石节子速记"，记录当天的县政府之行。这个夜晚，这或许是石节子和山外的现代社会唯一的联系。2016年元旦这天，参与"一起飞"项目的本地艺术家成林送来一只羊，请村民们吃泡馍。这也是石节子入冬以来最热闹的一天。1月2日下午，刘伟伟拉上老杨，挨家挨户去通知，让大家第二天下午来开个会。刘伟伟觉得，开会的意义在于，帮助村民获得组织、连接的能力。"今天，大伙儿可能在这里讨论一个很小的事，但下一次，他们就可以为危房，或即将面临的其他公共的事情，来开会，一起讨论，并作出决定。"在村里的这些天，刘伟伟发现，村民们面临的最迫切的问题，其实是他们的危房。很多时候，出于礼貌，也出于对石节子"美丽"的维护，人们并不对外来者提起他们的担心。或者提起来，也被匆匆来看风景的人忽略了。那些在汶川地震后留下的裂缝，藏在墙的犄角旮旯，是石节子人的隐忧。刘伟伟也就这个问题，走访了每一户人家，给裂缝拍照，给村民做关于危房的访谈。在艺术家的努力下，小小的石节子如今被更多的人看到了。可是，它是否仅止于"被关注"，成为一道风景，却不能让生活于其中的人真正得到改变？这一直是靳勒、刘伟伟这样的艺术家考虑的问题。在刘伟伟看来，"石节子指向未来"。可未来会怎样，一切还没有定论。至少，因为石节子，艺术家以及更多的人，把乡村拿到桌面上来谈论了。或者，来行动了。这些是让人觉得安慰的。同年4月，"一起飞——石节子村艺术实践计划"受邀赴京，在红砖美术馆参加了《我们的未来》展览，吸引了众多艺术家和民众的目光。同年9月24日，中央美术学院教授、著名艺术评论家孙振华做客深圳关山月美术馆"四方沙龙"开讲《乡村公共艺术》，介绍了中国艺术家近年在贵州羊磴镇、贵州雨布鲁村、甘肃石节子村进行的乡村实践，将观众领入乡村公共艺术领域。有评论说，当艺术越来越都市化、市场化、商业化的时候，分享来自乡村的案例，以及艺术家不同的介入角度和思考方式，如同来到了乡村，感受到了田野上的风[①]。

· 广州蓝田计划　接续传统文明根脉

　　民间传统在过去整整一个多世纪里历经一次次文化浩劫而元气大伤，命运多舛的传统文化被当成替罪羊承担批判和否定，也被认为是其落后与惰性使传统中国与现代化世界格格不入。时至今日，在现代化国家的发展过程中传统文化一直模糊而尴尬的定位使得青年人对其越来越陌生而产生认同感上的疏远。随着对历史进程的反思和讨论的深入，无论从学界还是民间都意识到传统文化中蕴含的深层智慧是作为中国人精神认同的根本元素，如何在信息分裂的文化断层里，延续中华五千年的历史文化需要所有人的努力与尝试，广州蓝田计划正是在这样的环境和背景下被提出，并希望能以志愿者们的行动热情来验证传统文化传递下去的可能性。蓝田计划是一个基于关注和参与民间传统文化艺术的现状与发展而自愿结成的非政府的、非营利性的社团组织，其宗旨是：修复重建社区族群认同。蓝田计划将以行动组方式在乡村社区寻找独立试点，以服务乡村社区原生文化艺术为参与方式，为青年人提供一个可以比较深入接触参与传统文化活动的平台，并在其过程中将乡村尚存或重现的物质及非物质文化形态采集记录下来，积聚成一定规模的资料数据库，通过分享会、研讨会和展览及出版物形式在更大范围的青年人群和学术领域吸引关注，为传统文化的继承与延续寻找有价值的经验。在蓝田不断开辟这些试点中，青年志愿者们将随着对本土文化的了解而产生越来越深切的关注和责任感，深层的公民教育正需要让年轻一代清清朗朗地以自己脚踩的土地和文化为荣。2010年3月，为了向广州市民展示城中村所蕴含的深厚的广州文化，由蓝田计划策划，沥滘经济联合社主办的"沥滘站——一个正在消失的坐标系"古村艺术展，正式在沥滘村的心和祠开展。沥滘村是广州历史最悠久的城中村之一，每年正月十五，在村内的卫式祠堂都会宴开数百席的"百叟宴"。而随着不少有几百年历史的明清祠堂被拆以及城中村改造

[①]　本节文字由笔者根据以下资料整理：江雪. 石节子——一个村庄的艺术重构 [J]. 新西部，2016（9）.

的推进，村中兴旺的象征"百叟宴"，或将在不久的将来只能变成村民记忆中的零散碎片。沥滘村内大多数祠堂都拥有数百年历史，它们是整条村的灵魂，古村落艺术展选择了沥滘村的心和祠作为主展场，展览以摄影展示、涂鸦展示、影片展示、戏剧展示等多种艺术表现形式进行，全面展示了沥滘村的文化。接着，在2011年6月蓝田计划又推出公益试验展《西场站——镇村之宝》，召集了多位年轻艺术家和村民一起参与创作，共同关注广州本土文化中的镇村之宝，关注每一个村，每一个族群特有的历史和文化。很多村落都会或多或少有自己族群的民间信仰，这次镇村之宝的主体就是关帝文化。关帝是忠勇仁义的化身，在关羽去世后，其形象逐渐被后人神化，一直是历来民间祭祀的对象，被尊称为"关公"。这次的公益试验展便是以族群作为载体，尝试深入了解广州曾经的和现在的关帝文化，以及一直努力维系这一个公共空间的人和事。西场村的关帝庙则是广州市区现存的唯一正在供奉的关帝庙。每年农历五月十三，村民都会举行各种仪式进行庆祝。虽然这一次展览的内容是围绕关帝文化的镇村之宝，但实则维系这种传统文化的并不仅仅是这些宝贝，更是当年的年轻人，如今的白发老翁，更关注他们为这个村关帝庙的公共空间所付出的努力和心血。

·羊磴艺术节　重建艺术与生活的自然连续性

"羊磴艺术合作社"是由四川美院焦兴涛发起，由一群年轻艺术家和当地居民共同参与，在贵州省遵义市桐梓县羊磴镇成立了"羊磴艺术合作社"，进行当代艺术的社区实践。这个艺术实践活动不是采风，不是体验生活，不是社会学意义上的乡村建设，不是文化公益和艺术慈善，也不预设目标和计划，强调"艺术的协商"，所有项目与作品都在与当地的对话交流中产生，希望当代艺术能呈现"生长的"状态，并试图寻找中国当代艺术的内生性与本土性。五年来，这个艺术群体进行了一系列与乡村社会相结合的实践和实验，包括和当地木匠共同协作的"乡村木工计划"，购买当地农村房屋实施的"界树"项目，赶场时的艺术互动活动，与当地营业店铺共建"冯豆花美术馆"和"西饼屋美术馆""小春堂"文化馆，在镇上的学校校园、山冈、河流、桥上以及镇上广播站、废弃的办公室进行各种艺术活动，并且和当地居民一起开展"羊磴十二景"项目，让这个所谓"没有历史""没有故事"的小镇百姓开始试着讲述自己。羊磴最大的特点就是没有特点。除了一条河之外没有任何让人欣喜的地方。吸引艺术家的正是它像中国成百上千的镇子一样的、毫无个性的、乏味的、既不悲观也非绝望的日常性。正是在这样一个乡镇，中国日常生活最末梢、最边缘的地方，日常规则和政治限制相对来说最松弛的地方，艺术所具有的问题意识和挑战性才可以在这种状态下，顺其自然不着痕迹地编织进去，从而去建立某种艺术和生活的连续性。

发起人焦兴涛认为："羊磴艺术合作社"尝试将艺术还原为一种"形式化的生活"，并重新投放到具体的社会空间中，强调"艺术协商"之下的"各取所需"，意图在对日常经验进行的表达中重建艺术和生活的连续性。该项目试图避开政治艺术以及社会学式的手段和路径，避开自上而下"介入"的强制性，面对日常本身而不是既定的美学体系进行即时随机的应答，以"弱"的姿态与"微观"的视角去建立艺术介入社会经验的过程，让艺术自由而不带预设地生长。在该艺术实践活动中，不幻想艺术可以从根本上改变现实生活，也不拒绝一切可以对当地经济或者旅游带来新机会的可能。艺术并不能提供直接促进经济发展或者道德改善的有形产品，艺术无非是在这样一个现场，在合作社成员的艺术工作与羊磴的日常生活之间建构了一个共享的时间和空间。

自上而下　艺术介入乡村生态系统

· 从碧山到景迈山　乡土文化的可持续发展

近年来，左靖及其团队在对乡土文化进行挖掘和推广的可持续发展方面做了大量研究和实践工作，陆续改造了碧山工销社、茅贡粮库艺术中心和景迈山展示中心等乡村的公共空间，出版了《碧山》《百工》等著作，举办与乡土文化相关的展览，并将展览带到威尼斯建筑双年展，联系设计师进行产品设计并通过开设城市窗口，将乡村价值输出到城市。自2011年起，左靖组织一批从事文化艺术的专业人员，包括策展人、艺术家、建筑师、设计师和研究者等，先后在安徽黟县碧山村（图8-29）、贵州黎平县茅贡镇和云南澜沧拉祜族自治县景迈山地区进行艺术乡建项目。他与多种专业背景的人士合作，通过对乡村古建筑的改造和活化利用，对民间工艺和传统习俗的深入系统研究，以展览、出版、艺术节和工作坊等形式，吸引更多人了解、关注、讨论中国渐被忽略的农耕文明历史成就，以及广大乡村近三十年来遭遇的现实困境，并参与到复兴乡村公共文化生活和提升村民物质和精神生活的乡建事业中来。该艺术项目团队通过空间改造（图8-30）、文化植入、产品构建等一系列举措，形成了一整套较为完善的工作体系和工作方法。2018年9月，碧山工销社在西安开设了第一家城市店，西安店的开业意味着"城市—乡村—城市"闭环已经初步建成。在与倡导"长效设计"的日本设计师长冈贤明的合作过程中，左靖认为通过长效设计来振兴地域产业是中国目前非常需要的理念，经过一年的努力，2018年10月，中国第一家D&DEPARTMENT店铺在皖南乡村落地。D&D与碧山工销社的合作内容不仅局限在店铺销售，除了介绍长冈贤明先生和团队精选的日本国内外的

图8-29　碧山

图8-30　碧山工销社戏台　　　　　　　　图8-31　景迈山老人拣选茶叶（图片来源：朱锐©
左靖工作室）

"长效设计"生活用品，还包括发掘中国的"长效设计"产品和具有黄山当地特色的产品，计划针对黄山地区地域特色进行长期调研和互动，编辑出版《设计之旅·黄山》一书，组织面向世界的黄山、徽文化游学活动和国际手工艺交流展等，使得D&D黄山店成为关注地域设计发展的综合活动空间。

　　2016年后，受当地政府委托，左靖主持了贵州茅贡和云南景迈山两地的乡村项目，践行空间生产、文化生产与产品生产的方法体系，改造利用当地废弃的建筑，使其成为新的文化载体投入使用，策划与本地文化息息相关的"20世纪80年代的侗族乡土建筑""百里侗寨风物志"等展览，并在乡村建设之外，思考另外一种可能——乡镇建设。左靖认为："乡镇建设的真正用意在于，通过合理规划和发展村寨集体经济，严格控制不良资本进村，保护好村寨的自然生态和社区文脉，以及乡土文化的承袭与言传。在此基础上，发展可持续的艺术形式，比如与在地文化相关的公共艺术等。经过若干年的努力，实现传统村落、生态博物馆、创意乡村和公共艺术的价值叠加，带动当地的文化和经济发展。"在景迈山的项目中，则因地制宜，把展陈式的"乡土教材"作为工作的重心，这些工作在很大程度上有助于营造培养当地村民的"文化自觉"。景迈山具有完整的茶产业（图8-31），且在历史上未曾中断，村子里青壮年劳动力没有流失，景迈山的信仰系统、礼俗系统及建筑保存得非常完整。因此，在艺术介入乡村的过程中，团队非常注重对传统的保护，当听说富裕的茶农想要拆掉传统的房屋并建造楼房时，便与建筑学家一起对传统房屋进行防风、防潮及采光的改造，做成样板房，送到村民的面前。后来，在尊重村民诉求和意愿的基础上，传统建筑不仅得到了很好的保存，还得到了合适的改造，这也使得景迈山艺术乡建工作不局限在对传统所谓的原汁原味的保护，而是具有了流动性与可持续性。"可持续性"和"流动性"，以及艺术乡建对村民的教育作用成为改造过程的关键点。他们认为：乡村的故事需要当地人讲，故每完成一件作品，团队总要拿去给当地村民去看，不断去校正，以不断增强村民的参与度，某些方面应该由村民主导，展陈方式也要随本地发展共同生长，使艺术乡建工作成为流动的不断更新的过程；他们更希望可以一直跟踪这个项目，和当地政府、村委会、村民一起协商，发展出一种可持续的模式，而不是项目结束了，团队就离开，村子的一切又回到从前。景迈山的实践力图通过艺术乡建的路径，创造更好的内外部条件，吸引村民参与，促进村民对所居地方的公共事务的参与和管理，最后达到他们对项目的自主运营，甚至主导以后的保护与发展方向，激发新的公共空间、文化和产品生产提供来自自身的思考和行动，构建出一种可持续的保护与发展的模式。

·乌镇国际当代艺术邀请展　中西文化完美碰撞的乌托邦

　　乌镇有小桥、有流水、有茅盾、有木心、有戏剧节、有美术馆，也有美食，有生活，还有世界互联网大会，而乌镇国际当代艺术邀请展的到来是继戏剧节、木心美术馆之后，乌镇的又一个文化大事件。继2016年"乌托邦·异托邦——乌镇国际当代艺术邀请展"成功举办之后，由文化乌镇股份有限公司主办、陈向宏发起并担任展览主席的"时间开始了——2019乌镇当代艺术邀请展"于2019年3月30日（周六）在中国乌镇开幕，展览分布于北栅丝厂、粮仓、西栅景区内一万多平方米空间。行走在乌镇，任意一间剧场、一扇窗户、一块地面都可能暗藏着一件当代艺术作品。展览由冯博一担任主策展人，王晓松、刘钢共同策划。本次展览共邀请了来自全球23个国家和地区的60位/组艺术家出席，共计90件/组作品参与展出。其中不仅涵盖装置、影像、行为、绘画等较常见的艺术类型，还包括声音、气味、灯光、交互（设计）、网络艺术等仍在探索中的艺术形式。在形态丰富的展出作品中，有35件作品为其在全球范围内的首次展出，其中有30件作品不仅在全球范围内首次展出，更是针对展览主题或当地人文环境所进行的在地性创作，如瑞吉娜·侯赛·加林多的行为表演《世界强国》、朱利安·奥培的LED动画《帕德米妮》、妹岛和世的镜面装置《另一水面》、西塞尔·图拉斯的气味装置《超越现在》、光之子的灯光装置《零时间》、伍韶劲的混合媒体装置《流水》、沈少民的多媒介装置《中国鲤鱼》、陈松志的装置《无题》等。这些始于乌镇的艺术作品，所触及的问题不止于乌镇。不同于城市美术馆、画廊、艺博会所呈现的"白盒子"美学，当代艺术进入乌镇时，则是根据当地独特的地理环境与人文景观，进行创造性和多样性的表达，"在地性"成为处理艺术与外部环境之间的有效方法。"时间开始了"是对人们提出了一个问题，发现问题远比提供答案更重要，艺术家在乌镇营造出了一个独特的视觉场域，表达对这个时代的深刻思考，并让艺术与艺术之外的问题产生关联。乌镇得天独厚的文化底蕴和经济优势，兼具"在地性"与"全球性"，使得乌镇当代艺术邀请展在"当代艺术进入乡镇"的浪潮之中，已难以被复制或取代。

　　第一届乌镇当代艺术展通过整合社会各方资源为乌镇形成了具有一定规模的品牌效应，使其成为当代艺术生态的一部分。乌镇当代艺术展不只为强调"在地性"，而是

图8-32 乌镇第二届展览空间

致力于帮助乌镇形成一个既具"在地性",又有"全球性"视野的艺术展。在进行第二届展览的筹备期间,国内和国际的形势发生了巨大的变化,如难民离散、移民的限制令、建造边境墙、脱欧的争论等,世界正处在一个社会转型的时间节点上,这也是确定第二届展览主题"时间开始了"的初表:一方面是对现状做出直白、着力的表述,以回应人们在心底已经产生的共识与感知;另一方面意味着中国和世界正处在社会转型的时间断裂带上,一切都变得扑朔迷离,一切又皆有可能。第二届展览邀请了六十位艺术家,呈现在面对世界格局的时候,希望呈现出他们对于过去和现在的态度是什么?他们对这种格局的思考是什么?当时间开始了,但是未来并不清晰,震荡的钟摆是否能重新拾起时间的重量?从展示空间场所上来看,在首届展览场地北栅丝厂和西栅景区的基础上,第二届展览新增了粮仓作为展场(图8-32)。粮仓原为始建于20世纪60年代的乌镇粮管所,经过空间改造和建筑增建后首次启用。三处展览场地提供了丰富多元的空间形式,根据空间的不同特点,组成了三个不同类型、情境和空间的场地,共同为观众提供了形式多样的展览场域,却也为使用这些空间圈定了一些条条框框,作品的物理条件、需求如何在规定性下做充分展现,同时挑战着策展人、施工团队和艺术家。策展方认为只有在有限的条件和压力下,艺术才会变得更有意义和价值。这次展览是60位参展艺术家在乌镇营造的一种视觉场域,也是他们基于自身背景特色和创作线索,表达面对这个时代所进行的思考和判断,让艺术与艺术之外的问题产生关联。

在乌镇,观众或游客既可以感受乌镇自然与人文的景观,还可以感受一个具有国际性当代艺术展览。这样的方式可以说为已经习惯了在专业美术馆、艺术区、画廊等空间参观艺术展览的观众提供了特有的视觉经验。艺术与观众的关系是通过身处乌镇水乡之中的空间方式,给观众多维的、直接的带入感体验。乌镇当代艺术展超越了普通展览的意义与价值,不仅综合使用了多种视觉观念和技术手段表现展览主题,还在于更多地面向大众的当代艺术普及与传播,进行审美的引导与提升,体现了跨越中西界限的文化维度。如同第一届国际当代艺术邀请展的主题"乌托邦·异托邦",乌镇艺术展蕴含着乌托邦式的梦想,体现了一个与现实完全不同的未来和希望,尽管会产生异托邦的变异,但乌托邦不会终结,或者至少提供一种反思的可能。中国社会转型的过度城市化对乡镇带来的变化与影响很大,这不等同于"同化"或"一体化"的城市化,只有在保持自身地域独特之处时,真正的文化交流和艺术沟通才有可能实现。

高校联合公共艺术行动计划　共享多赢

· 乡村重塑　莫干山再行动

　　今天，乡村和城市的一体两面决定了当前公共艺术现场的复杂，在抵抗乡村盲目城市化的过程中，艺术家能否重回乡村，能否重申乡土文化的独特，成为今天公共艺术介入乡村振兴的首要宗旨。为了更好地助推莫干山民宿业的发展和服务更新，打造新型乡村样态，促进莫干山国际旅游度假区的文化旅游生态转型升级，在莫干山镇人民政府、莫干山国际旅游度假区管理委员会、上海大学上海美术学院、上海公共艺术协同创新中心（PACC）的积极运作与推动下，并在莫干山民宿行业协会的大力支持下共同缔造了这个符合莫干山实施乡村振兴战略并协调公共艺术介入的莫干山文化创意项目——莫干山国际民宿艺术节。莫干山国际民宿艺术节以整个莫干山旅游发展区和莫干山国际公共艺术创意园为核心，以莫干山自然资源、人文历史和发展愿景为依托，共同打造包含莫干山国际公共艺术创意园在内的、上海公共艺术协同创新中心莫干山工作站、上海国际手造学院、"上海—莫干山"艺术产业与金融研究院等板块，开展驻地创作、非遗手工艺教育培训、艺术产业课程讲座、公共空间改造、户外品牌等实践、研讨和研究活动，助推莫干山乡村振兴建设，并正式签订合作协议，共同发展。本次行动的宗旨是：通过公共艺术的方式，以拓展艺术边界的实现为目的，其行动理念是从莫干山实地出发，以艺术的智慧，通过艺术创新、设计实践、文旅融合、社区参与、合作互动的方式来重新塑造乡村社会的文化格局和产业创新，以这种有机结合莫干山当地故事、在地文化的公共艺术力量来共振村声。

　　在乡村重塑的过程中，上海大学上海美术学院充分发挥自身优势，从点到面充分利用一切可以协调合作的力量。作为国内开展公共艺术创作领域最早也最活跃的专业艺术院校上海大学上海美术学院，先后和四川美术学院共同发起的"长江上下：公共艺术行动计划"也参与到莫干山国际民宿艺术节和"乡村重塑　莫干山再行动"公共艺术行动计划的实施当中，进而扩大至与全国七大美术学院通力合作，实现了公共艺术介入乡村振兴的专业院校联盟。2018年11月2日至2018年11月26日期间，来自上海大学上海美术学院、中国美术学院、天津美术学院、湖北美术学院、广州美术学院、四川美术学院、西安美术学院的师生和艺术家们来到莫干山镇，根植于莫干山的乡村语境，以参与式观察为主要路径，通过分组的田野工作，配合走访附近民宿业主，收集史实与事例，发现莫干山独特的文化现象和生机，以图像系谱化的艺术手法跟踪、记录并表达观察的主题和成果，通过不同的艺术形式和语言对莫干山乡村振兴议题的视觉转化，使更多的人能参与乡村文化的重塑。

·"因缘聚艺 众生关切" 持续发酵的公共艺术行动计划

2019年，第二届"长江上下：公共艺术行动计划"集结了长江流域六大省市高校主体联合策展：四川美术学院、西南民族大学、上海大学上海美术学院、中国美术学院、江南大学、湖北美术学院。第二届"长江上下：公共艺术行动计划"从2019年6月开展至今，本着"因共缘而共识，因共识走向共生，因共生而生生不息"的发展理念，六校进行前期线上交流，共缘链接；各高校组织在不同场域、地点，结合自己现场特性以及对本届"长江上下"主题（因缘聚艺 众生关切）的理解，深入社会现场进行自下而上的公共艺术探索。此次公共艺术行动计划六校在达成共缘（共时地之缘）、共识（共时命之识）、共生（共精神、文化、社群之生）的共同理念下，确立了"因缘聚艺 众生关切"的主题，在组织合作的设定上提出以下合作模型：在多方参与的情况下实现共享共生；在多个现场共同实践的情况下实现合力；在多方参与、多个现场下实现资源配置最优；跨领域六大现场相应"长江上下"行动：重庆、成都、上海、杭州、无锡、武汉，分别是：

·"漂移的平台 艺术的现场" 重庆现场（四川美术学院）

此次社群艺术季包括社群艺术在地创作作品展、社群民艺·美育工坊、铁路社群茶话会、铁路社群影像志放映会四大活动板块；以艺术介入社群的形式，追溯社区历史文化脉络，实现社区情感交融，激活社区原有空间，彰显社区人文精神；同时让艺术直面社会现场，艺术作品融入空间并且持续生长。本次社群艺术季是对于长江上游之重庆的乡村振兴与社群复兴的重要探索。开幕式在2019年10月26日上午9：30于重庆市九龙坡区黄桷坪街道新市场社区铁路三村隆重举行（图8-33）。开幕式现场热闹非凡，由铁路三村社区带来的舞蹈表演精彩纷呈，吸引了大量社区居民、国内外著名艺术家、策展人前来观看。走进新市场社区，可以看到2000米长的LED灯带勾勒出社区的条条小路、经营了16年的理发店有了浪漫气息、大树"穿"上了油画一般的百家衣……16件在地创作的公共艺术作品，是50余名川美师生、40余名居民历时近两个月共同创作完成的。社群民艺·美育工坊则以新市场社区内的特色小景和社区内真实的人情故事为版画创作素材。铁路社群茶话会旨在通过策展人、艺术家与社区居民的轻松谈话，进一步拉近艺术与社区距离，沟通社区感情，了解社区需求，听取群众意见，将社区空间通过艺术介入的方式更好地激活，让艺术作品更好地在社区生长，带来活力。茶

图8-33 "漂移的平台 艺术的现场" 重庆公共艺术现场

话会现场氛围活跃喜乐，策展人、艺术家与社区居民对于艺术创作与社区空间改造提出意见建议。铁路社群影像志放映会通过放映铁路相关影视材料、铁路三村社群艺术季创作剪辑视频，使社区居民更好地了解到铁路历史与文化，了解本次社群艺术季创作过程，明白作品含义，从而增强社区的铁路文化建设。

·"魅力中国　乡村振兴" 上海与非洲现场（上海大学上海美术学院）

2019年，由国家艺术基金资助，上海大学上海美术学院与塞内加尔黑人文明博物馆共同主办的"魅力中国　乡村振兴"展于当地时间9月26日18：00在黑人文明博物馆隆重开幕。在塞内加尔共和国总统马基·萨勒总统的支持下，应主办双方的邀请，塞内加尔各界人士300多人出席了开幕活动（图8-34）。塞内加尔共和国文化和新闻部长阿卜杜拉耶·迪奥普（Abdoulaye DIOP）表示，"此次关于中国乡村振兴的展览给我们带来的启发超越了题目本身。（塞内

图8-34　"魅力中国　乡村振兴" 非洲公共艺术现场

加尔的）对乡村的放弃导致了可供勉强生存的贫民窟增多，这已引起我们的注意，也是政府在'振兴塞内加尔计划'中的核心关切。因此，我们很有兴趣了解中国乡村变革及其将乡村振兴作为发展支柱的经验。"本次展览的总策划、上海大学上海美术学院副院长金江波教授在展览现场为来宾介绍了展览主题和板块。通过18个案例，通过影像、照片、装置等作品和实物，展现中国当代城市化进程中的研究和实践，从历史肌理、生态文明、社会参与、城乡共生和文化复兴等五个板块，演绎自然生态、产业发展、社会结构、精神价值、城乡融合对中国当代乡村社会变迁的深刻影响，尤其是艺术和文化参与乡村振兴的实践途径。他认为，"在中国乡村振兴战略全面实施的过程中，人是核心。人的精神面貌、人的生活品质的全面提升，是最核心的价值。中国乡村的差异性，导致了乡村振兴有很多模式。例如，在展览中可以看到，通过传统手工业等非物质文化遗产的复兴、生活美学的复兴、社会生产能力的复兴，来帮助乡村解决贫困问题、受教育问题。通过扶智来扶贫，实现共同的福祉，由人的复兴而带动社会的全面复兴。"

·"武汉与我" 湖北现场（湖北美术学院）

本次"长江上下"武汉分现场以"武汉与我"作为策划主题，以多维视角、广泛调研和深层解读的方式，利用公共艺术所强调的公共性、参与性和在地性，通过丰富多元

的公共艺术创作形式，引发城市和社会广泛受众群体的集体思考。武汉这座城市，自清末既享有"九省通衢"的美誉，是"一带一路"的重要支点与腹地，并具备丰厚的历史人文积淀与经济发展基础。当下，武汉将城市发展的核心基点放在变革创新上，整座城市正处于产业体系的全面转型期。湖北美术学院作为华中地区最重要的艺术创作和人才培养基地，自1920年在武汉建校以来，已经伴随着这座城市走过了近百年的辉煌历程。在武汉经济迅速发展与产业转型的时代语境下，湖北美术学院公共艺术专业自成立以来一直致力于以公共艺术为触媒，力图对公众文化生活与城乡公共空间场所精神进行不断重塑与提升。活动前期，通过与公共艺术教学结合，引发学生们的集体思考。对武汉城市沿革、武汉长江特色、我的城市与武汉城市链接、乡村与城市共生、我在城市之中的存在等进行多维视角的调研、记录和整理。本次主题性公共艺术策划活动选择在繁华的商业中心举行，正是利用其公共空间对市民群众完全开放的特点，尤其是不同于美术馆或博物馆的特定场域特性，这是对其公共性的最好体现。十一个创作组紧紧围绕"长江上下　武汉与我"这一主题展开构思和调研，分别从不同的视角展现城市文化与人文的在地性特质。

图8-35 "武汉与我" 湖北公共艺术现场

全部作品除了静态效果展示外，还利用了视频循环播放、感应式音频播放、气味释放等多种全新的互动性装置艺术技术手段，分别引导观众从视觉、听觉、嗅觉、触觉等全方位对作品希望表达的艺术效果进行感知，使得公共艺术作品的互动参与性极强。经过紧密的筹备，该次公共艺术创作展于2019年11月9日在武汉循礼门M+购物中心正式开幕（图8-35）。

· "乡村场域中的艺术共生" 成都现场（西南民族大学）

第二届"长江上下：公共艺术行动计划"成都现场以"乡村场域中的艺术共生"为策划主题，通过公共艺术创作视角以及多方参与的调研方式，深层解读川西林盘这一独特的乡村生态景观在成都地区以及长江水系中的重要地位。通过师生的在地考察与创作去丈量川西乡村文化；用丰富多元的公共艺术创作形式去记录和发现当代艺术与乡村的磨合共生方式。成都在物产、水系以及文化底蕴上都是四川最为重要的地区，拥有独特的农耕文明。而郫都区不仅境内八河并流，土壤肥沃，纵观郫都区的发展历程更是能够充分地体现出成都平原农耕文化到现代农业的现象与问题。在乡村振兴时代背景下，一场让艺术走进乡村，以公共艺术与在场艺术的方式，记录和发现当代乡村的现状与活力，探索链接城乡价值，以行动来构建城乡融合的变革，在成都这片繁荣的平原上茁壮成长。西南民族大学艺术学院雕塑专业作为西南地区重要的艺术创作和艺术人才培养基地，在成都这片土地上见证和伴随着成都这座城市一起成长，一直也在源源不断地为成都艺术发展贡献自己的一份力量。在新时代当代艺术的发展进程中，西南民族大学艺术学院雕塑专业也着力于公共艺术方向创作实践，致力于让学生走出校园，以艺术融入城市和乡村，期望能够通过教学实践让公共艺术的精神融入艺术院校学生以及人民大众的生活中去。此次成都分会场的公共艺术活动分为三部分同时展开：空间塑形、场域共生、行动再造，确定了三部分的重点具体表现为：第一，与林盘相关的、以视觉和互动为目的的装置艺术；第二，以个体为对象进行与时代变化、生活变化相关的文献资料收集与现场艺术创作活动；第三，以农业生产、农民居住为框架的互动共建型公共艺术创作。然后进行分组讨论，并围绕着创作形式展开创作。定期定时阶段性地开展方案分析会、工作进度会、现场沟通会，希望通过老师们和同学们的努力，能够在成都市郫都区这一个充满着无限创造力的川西平原中做出糅合了艺术价值、商业价值、社会价值的公共艺术作品（图8-36）。

图8-36　"乡村场域中的艺术共生"　成都公共艺术现场

· 新类型公共艺术介入社区"以艺术的名义搞垃圾"　无锡现场（江南大学）

2019年7月下旬，在"长江上下"组委会的召集下，经过六校联合复议，江南大学正式受邀成为第二届"长江上下：公共艺术行动计划"无锡分现场的发起方，由笔者作为策展人负责相关公共艺术活动的组织策划和具体实施，特请江南大学美术馆馆长、知名画家陈嘉全教授，北京大学艺术学院博导翁剑青教授，江南大学设计学院原院长、现XXY Innovation创始人辛向阳教授组成本次分现场活动的专家团队。第二届"长江上下：公共艺术行动计划"无锡分现场，选择"自然之要求"作为核心价值纬度，响应国家于2019年9月针对无锡进行垃圾分类的政策，以新类型公共艺术对当地小区的微介入，将社区公共艺术结合"朴门永续设计"（Permaculture）的理论方法开展系列活动，强调项目活动的公共性、互动性、艺术性、在地性表现特质。"以艺术的名义搞垃圾"社区系列公共艺术项目活动旨在通过艺术设计院校专业人士和当地居民的共建模式，提高居民对周边环境的关注度和环境保护意识，提升社区活力和凝聚力，复兴社区消极景观隙地，完成从人的世界"复归"到万物自然的回归，为社群生态更新与众生生活新兴、力求知识复归现场进行艺术实践探索。新类型公共艺术对于社区生活的微介入预示着公共艺术表达形式的愈发多元化，以及公共艺术需要与居民进行互动交流的愈发灵活化。新类型公共艺术作为一种平易近人、贴近大众生活的艺术形式，能够在社区改造中发挥它独特的价值，改善社区原来单调乏味的视觉空间。通过各种丰富多样的公共艺术形式的介入，提高社区整体环境的艺术性和观赏性，创造出高品质的社区空间，为社区居民的交流、活动提供有利的场所。社会在不断进步和发展，公共艺术的关注点也在随之发生变化。从原来只着重于关注作品本身的美学价值、空间构成，到逐步介入对社区问题的思考与解决。深入社区、贴近民众的公共艺术作品成为促进社区公众交流互动、积极沟通的有效方式。新类型公共艺术进社区，能够培养社区居民的公民意识，提高居民参与公共事务的能力，使社区中的人际关系更具自主性和创造性。本项目以新类型公共艺术介入社区为主题，包含三个板块进行社区营造：食物花园营建（图8-37）、以艺术的名义搞垃圾（图8-38）、公共艺术社区活动（图8-39），这也分别对应了公共艺术的共生性、友好性、文明化。新类型公共艺术不仅通过其在公共设施、建筑物和公共空间中的艺术表现形式使公众感知周围的环境生活，而且传达出区域文化价值和增强地方认同

图8-37　社区食物花园营造现场

图8-38　生活垃圾艺术改造现场展示　　图8-39　新类型公共艺术介入社区　无锡公共艺术现场

感。新类型公共艺术是对社区环境成长路径的解读与记录，是以艺术的方式强化关于社区的特有记忆。在社区公共艺术中展示出的对居民社会生活的关注，不仅给予社区居民更多的社会认同，更是调动着居民个人在城市背景中的自我认同。

·"文化复育"环境美感与社区培育 浙江现场（中国美术学院）

第二届"长江上下：公共艺术行动计划"浙江现场，选择"作客后畲"为主题，对浙江松阳秘境进行探访，形成以外来角度发掘当地魅力的"后畲秘境探讨专案"和艺术行动。围绕"社会责任"，深入"生活领域"来研究时令节气和信仰空间与生活行为等关系。策展团队认为，景观是由当地居民的人生及生活累积而成，如需要建构风景，就得从生活着手（图8-40）。而风景是由当地居民的行为累积而成，尽管可以通过物理上的空间设计打造景观，但是稍微改变人们的生活及行为，也能营造出更美的景观（通过软件层面的经营管理设计景观，也能展现极佳的成果）。浙江现场艺术行动的内容包括：第一，通过外访培养乡村景观文化爱好者，对内寻访本地居民，以充分了解土地和人的资源，打造后畲景观独特魅力，将当地景观汇集成册

图8-40　"文化复育"环境美感与社区培育　浙江公共艺术现场

（"景观"分为："自然景观"公共空间、驻足点、风景名片；"人文景观"历史、传统、风俗），形成后畲旅游导览手册。第二，后畲旅游动线设计（导识交流），包括村整体旅游人行道和水道设计。第三，Marking设计，如何为村的旅游塑造品牌，提取"标识图"及"风景明信片"。第四，以行为设计空间（关系），包括"善用户外空间的当地人"的发现并向其学习；以"行为"设计空间，思考日常生活轨迹、风俗喜好、现代化影响带来的问题。

新农村社区可持续营造　共筑乡愁记忆

·厦门海沧区美丽乡村　缔造健康人居与生态环境

　　一个村庄不仅是几位老人、几棵大树、几栋房子、几条小路，它代表的是一群人的记忆、一种生活和一个生命的家园。然而，在现代化城市建设的影响下，村庄发展常常因受到短期利益的诱惑而忽略了本身的历史文脉，上千年塑造的乡村聚落和景观、特有的乡土文化和农村宗族关系，以及根植在乡村里的村民共同记忆，淹没在"短平快"的现代化建设大潮之中。守望乡土，留住乡音，记住乡愁，已开始变得遥不可及。厦门市按照"美丽厦门"战略规划总体部署和"五位一体"要求，以《关于全面推进美丽乡村建设的指导意见》为指引，以改善乡村人居环境和生态环境为重点，努力建设一批宜居、宜业、宜游的美丽乡村。2013年，海沧区根据"美丽厦门·共同缔造"总体要求和"美丽厦门·健康生态新海沧"总体布局，以"美好环境"为基础，以"惠民利民"为切入，以"同筑共治"为核心，以"网络化·微自治"为支撑，以项目带动为抓手，构建"纵向到底、横向到边、纵横交互"的社会管理体系和"共谋、共建、共管、共享"的社会价值体系，缔造一批政府引领、村居自治、群众参与、统筹协调的典范农村试点，包括西山社、院前社等。"美丽乡村（社区）共同缔造"是以"生态乡村、富裕乡村、文明乡村、和谐乡村"为主题，以提升群众生活品质为核心，鼓励多方参与、共同缔造，并注重村庄的可持续发展。2013年，厦门市海沧区在美丽乡村（社区）规划中，针对以往新农村规划的不足，从社区营造的理念提出了新的规划工作方式和工作内容，希望跳出传统村庄规划思路，进一步研究新农村社区规划方法创新（图8-41）。

图8-41　厦门市海沧区美丽乡村（社区）规划

· 顺德霞石村社区　乡村景观的可持续营造

城镇化过程中传统生产生活方式的改变使得乡村的景观产生了巨大变化。传统种植业的衰退是其中的原因之一。随着社区营造的发展，乡村景观营造的方式也开始有所改变。除了对于环境本身进行干预，反思与重建乡村景观生产方式可能更有助于社区的可持续发展。高城镇化的广东顺德地区，反映了我国乡村城镇化过程中面对的一些社区困境。2016~2019年，霞石社工连续开启了数个社区营造项目。这包括了2016年以润和公园作为载体，开展为期一年的参与式公园管理项目；2017年，霞石社区生态环境教育以及以霞石善祥学校为试点的社区花园项目；2018年，社工组织联动华南农业大学"裱·可食地景组"开展自然环境资源认知、社区花园营造项目；2019年，联动亲子家庭与住户合作，举办自主营造花园工作坊。其中，善祥小学"社区花园"项目、霞石"社区花园"项目，场地位于伦教社工站附近，"自主营造的花园"项目则是以诗歌路周边的住户为主。通过对顺德霞石村2018~2019年的社区营造活动的实践性研究，发现"种植"对于当下乡村社区营造具有积极作用。结合霞石社区花园及自主花园营造2个项目的活动组织过程及意见反馈，以种植为契机的社区营造需要结合不同参与者特点建立多层次的种植目标，共同挖掘"种植"在现代乡村社区中的价值意义：以种植活动对于乡村社区的资源分享，促进社区居民的协作；以渐进的方式推进社区不同群体对于种植需求的表达以及种植经验的交流分享。围绕人与人的联结，社工及专业设计团队共同挖掘"种植"可以带给居民的讨论话题与协作机会。针对不同的联结对象，包括本地与外地居民、成人与孩子、有经验者与没有经验者、村民与高校师生等，在社区开展不同形式的活动，活动的具体内容涉及"种植"空间的认知与设计、种植记忆或经验的分享、种植资源的交流、种植的共同维护管养等。在霞石村的实践中，设计师需要不断调整介入农村社区的方法，相关艺术活动的介入也需要结合文化景观、环境教育、可持续理念重构"种植"的现代价值，赋能社区居民，达到共同推进乡村景观及社区的可持续营建的目的。

乡村艺术节　乡村文化生态的可持续发展

· 衢州柑橘文化节　培育地方艺术生活

近几年来，我国许多乡村开始重视乡村历史文化的保护和构建，并将乡村艺术发展作为提升乡村综合实力的目标和方向。乡村艺术节是一个大型的、整体的，包括各种传播手段的综合体。在某个城市举办的乡村艺术节，则必然汇集了该城市物质文化、精神文化、社会制度文化等多个层面的元素，再以静态或动态的、具体或抽象的各种艺术手段——戏剧、音乐、电影、舞蹈、展览等，在与观众有效的互动中，传达出某种信息或观念。从某种意义上来讲，乡村艺术节是对于乡村文化的可视化处理，利用传播效应来增加当地文化传播度，让更多的人去了解和感受本地的文化特色，从而进一步集中展现乡村风貌，多方面多维度地传播乡村文化。2018年2月10日，在浙江省农业厅和衢州市市委、市政府领导们的大力支持下，首届"中国衢州柑橘文化艺术节"在衢州市柯城区石梁花海顺利开幕，以"艺术振兴乡村，橘业福润柯城"为主题，其目的是用公共艺术来复兴柑橘文化，用文化手段重新塑造衢州的柑橘品牌，用艺术感染力带动乡村振兴。该届艺术节构成包括五大板块：第一，雕塑装置作品42件（包括10件永久雕塑作品和32件柑橘装置作品）；第二，现场活动（包括4个活动：一投一画二拍）；第三，视觉形象（活动形象以及后期柑橘品牌整体形象）；第四，后期媒体宣传和新闻发酵；第五，中外友好城市建立以及形成连续性、品牌化柑橘艺术节。艺术节共使用大大小小、不同种类的柑橘100多万个，举办时间21天（2018年2月10日至3月2日），举办地点在衢州市柯城区石梁镇。中国衢州柑橘文化艺术节最明显的特点与优势是在于游客们的积极参与，以"柑橘"为媒材塑造抽象、具象雕塑装置作品和构筑物，完全不限时段、尽情地展示。这类农事活动不仅有利于推动乡村的艺术发展，而且对于打造艺术节本身的品牌以及特点也起到了宣传作用。同时，开发相关旅游产品，包括柑橘深加工产品，利用艺术文化节，打响"衢州柑橘"品牌。

北京大学艺术学院翁剑青教授指出，不同情形和类型的社区公共艺术的背后，均有各自的成因及话语内涵的诉求，以及各有侧重的利益属性；而政府、投资方、艺术家和社区居民在其中有着不同的角色内涵和利益点，从而形成了艺术景观和社会景观的不同文化纬度。由艺术家、设计师先期切入，再带动各方力量的共同介入，以改善城乡生活环境、转变居民生活方式为目标的城乡营造实践，通过新类型公共艺术的介入与互动，探求当地居民的生活及精神所需，塑造民俗精神文化空间，活化了传统的生活方式，大大提高了城乡居民的生活品质和环境质量，艺术介入城市和乡村的众多案例在各方面都取得了令人瞩目的成绩。未来艺术家最重要的任务也许不仅是创造艺术作品，还要想办法联结各方资源共同创造新的生活样态，城乡新的生活样态不仅包含着文化历史的审美及价值，还有新的文明理念，新的文明追求。

　　人类的生存环境在人类不断急速扩张土地和城市大规模建设下逐渐恶化，城市生态文明建设应运而生。2015年联合国可持续发展峰会上由联合国193个成员国正式通过17个可持续发展目标，旨在从2015年到2030年间以综合方式彻底解决社会、经济和环境三个维度的发展问题，转向可持续发展道路。其中第11个目标是建设包容、安全、有抵御灾害能力和可持续的城市和人类住区。一直以来，公共艺术被赋予时代性、公众性、艺术性三者统一的使命，它不仅作用于城市的美化环节，还参与着城市空间构造规划和现代城市文明的建设，公共艺术作为当代社会公众文化活动和意识形态载体，同样需要参与应对生态问题的考验与挑战。社区是若干社会群体或社会组织聚集在某一个领域里所形成的一个生活上相互关联的大集体，是社会有机体最基本的内容，社区是具有某种互动关系的和共同文化维系力的，在一定领域内相互关联的人群形成的共同体及其活动区域。北京大学艺术学院翁剑青教授曾从中国的社区建设和地域再造的角度分析了中国社区长期以来几乎是瘫痪或者是消失的，改革开放近三十年，才慢慢考虑到社区的重要性，即其在建构日常生活、建构社会稳定和社会团结、社会的自我教育和发展方面所应该承担的责任。而近年来，公共艺术的发展正在向新类型公共艺术（New Genre Public Art）转移，公共艺术的设置空间由城市街区转移到社区。2004年吴玛悧引进新类型公共艺术的重要文本《量绘形貌》，正式将新类型公共艺术确立并传播。以社区公众为创作主体，以社区空间为设置场所，以互动沟通为构建目标，正是新类型公共艺术的显著特点。新类型公共艺术的出现，为我们展现了未来公共艺术发展的新视野，让我们看到公共艺术的进程与人类文明的整体进步趋势是那样一致，都是将民生和民主视为最重要的实现目标。创新观念是当代艺术最重要的品质，而新类型公共艺术是一种创新生活观念的社会运动，而塑造社会观念就是塑造艺术，新类型公共艺术会随着时代的发展逐渐成长壮大，因为社会需要这样的艺术，社区和民众需要这样的艺术。

　　基于以上社会条件、环境状况和研究背景，本书从可持续发展的角度，归纳整理了近12年来在国内各地区发生的新类型公共艺术案例，深入剖析和探讨新类型公共艺术介入社区的模式问题，从理论层面为中国社区的可持续发展提供一些参考的方向和建议。在实践案例方面，以笔者策划并完成的第二届"长江上下：公共艺术行为计划"为例，详细分析了江南大学无锡分现场社区公共艺术活动项目，通过实践进行理论的验证并进行经验总结，希望能为后来的社区艺术项目提供一些可行的思路和模式。

　　鉴于当代城市社区改造与持续发展的具体需要，社区公共艺术的介入和创造，应该采取更多倾向于非物态的、非静止性的艺术语言及方式，并强调观念性、生活化及短期性演绎的公共参与过程和艺术事件，从而与社区生活的需求和艺术方式的非物质化、非资本化的策略相结合。尤其需要增进社区艺术与社区内部生活形态的密切关系以及艺术语言形态运用的适切性。新类型公共艺术作为一种平易近人、贴近大众生活的艺术形式，能够在社区改造中发挥它独特的价值，能够培养社区居民的公民意识，提高居民参与公共事务的能力，使社区中的人际关系更具自主性和创造性。通过各种丰富多样的公共艺术形式的介入，提高社区整体环境的艺术性和观赏性，创造出高品质的社区空间，为社区居民的交流、活动提供有利的场所。

公共艺术介入社区空间环境营造，是社区生活艺术活动的一种表现形式，是对周围生活环境以及事物的领悟和辨别，是进行空间场所的体验和人与人之间的互动感染。以互动参与性为出发点，社区公共艺术的重点不在于是否构建一个有形且长久放置在社区中的物件，而是塑造一个无形的公共沟通的场所，可容纳多元差异的公众观点，是以公共利益为基础，对其公共性和艺术性重新进行诠释的过程。社会在不断进步和发展，环境危机日益增长，公共艺术的关注点也在随之发生变化。从原来只着重于关注作品本身的美学价值、空间构成，到逐步介入对社区问题、生态问题的思考与解决。新类型公共艺术是对社区环境成长路径的解读和记录，是以艺术的方式强化关于社区的特有记忆，深入社区、贴近民众、可持续发展的公共艺术作品将成为促进社区公众交流互动、积极沟通、推动社会和谐自然发展的有效方式。

*在此衷心感谢：北京大学艺术学院翁剑青教授在百忙之中为本书撰写了序，并对本课题的研究提供了宝贵的建议和大力支持，为本书的最终成型提供了指引和方向。

*感谢我的环境艺术方向研究生曹子芯为本书提供了实践案例的现场活动图片，公共艺术方向研究生孙磊为本书绘制了丰富的理论图表。感谢江南大学设计学院公共艺术专业的本科生万紫良、张筱晴、陈锶娴等为本书提供了社区公共艺术的生活摄影图片。

参考文献

［1］ 李松根. 社区营造与社会发展［M］. 台北：问津堂出版，2002：11.

［2］ 杨德昭. 社区的革命［M］. 天津：天津大学出版社，2007：51.

［3］ Bryant，Bunyan，ed. Environment Justice：Issues，Policies and Solutions［M］. Washington，D.C.：Island Press，1995.

［4］ 翁剑青. 超越本体的价值含义——公共艺术的广义生态学管窥［J］. 文艺研究，2009（9）：19-26.

［5］ 王中. 公共艺术概论［M］. 北京：北京大学出版社，101-105.

［6］ 郑惠文. 从树梅坑溪环境艺术行动谈新类型公共艺术的展示与评论问题［J］. 南艺学报（台湾地区杂志），2012（4）：19-39.

［7］ 吴良镛. 人居环境科学研究进展［M］. 北京：中国建筑工业出版社，2011.

［8］ 金兆奇. 城市规划中的公共艺术——候斌超访谈［J］. 公共艺术，2016（11）.

［9］ 翁剑青. 情境·语言·策略：社区公共艺术形态及其适切性刍议［J］. 公共艺术，2018（3）.

［10］ 刘中华，周娴，汪大伟. "跨领域"的公共艺术——汪大伟教授访谈录［J］. 创意设计源，2016（2）：4-9.

［11］ 金江波. 地方重塑：非遗传承与乡村复兴［J］. 公共艺术，2016（2）：58-60.

［12］ 赵昆伦，范晓莉. 城市景观设计［M］. 上海：上海交通大学出版社，2015.

［13］ 王洪义. 从街区到社区：新类型公共艺术的空间转移［J］. 公共艺术，2014（9）：40.

［14］ 潘鲁生. 乡村公共艺术发展思路［J］. 公共艺术，2019（11）.

［15］ 张苏卉. 艺术介入生态——公共艺术的生态观［J］. 文艺评论，2013（1）.

［16］ 吴倩，王闻道，薛阳. 美国公共艺术激励性区域规划新旧政策的对比研究［J］. 美术，2017（5）：5.

［17］ 王洪义. 从街区到社区：新类型公共艺术的空间转移［J］. 公共艺术，2014（9）：40.

［18］ 加藤仁美ほか. 生活の視点でとく都市計画［M］. 東京：彰国社，2016.

［19］ 罗家德，梁肖月. 社区营造的理论、流程与案例［M］. 北京：社会科学文献出版社，2017.

［20］ 潘泽泉. 社区建设与发展话语的实践逻辑与新趋［J］. 中共天津市委党校学报，2009（5）：85-91.

［21］ 赵民. "社区营造"与城市规划的"社区指向"研究［J］. 规划师，2013（9）：5-10.

［22］ 吴晓林. 台湾地区社区建设政策的制度变迁［J］. 南京师大学报（社会科学版），2015（1）：29-37.

［23］张智强. "社区营造"模式下的农村社区更新研究——以厦门市集美区城内村为例［D］. 厦门大学, 2013.

［24］赵民. 简论社区与社区规划［J］. 时代建筑, 2009（2）: 6-9.

［25］邹乔, 刘飞. 参与式社区艺术实践与对话［M］. 成都: 四川大学出版社, 2017: 66-67.

［26］陈航, 张晋石. 日本景观社区营造的概况与启示［J］. 风景园林, 2016（10）: 120-127.

［27］曾光宗. 民众参与的历史建筑周边环境营造［J］. 新建筑, 2015（3）: 14-19.

［28］李树华. 景观十年、风景百年、风土千年: 从景观、风景与风土的关系探讨我国园林发展的大方向［J］. 中国园林, 2004（12）: 29-31.

［29］LEACH J. "Team Spirit": The Pervasive Influence of Place-Generation in Community Building Activities along the Rai Coast of Papua New Guinea［J］. Journal of Material Culture, 2006, 11（1-2）: 87-103.

［30］陈其南. 造人的永续工程: 社区总体营造的意义［R］. 台北: 中国台湾"文化建设委员会", 1998.

［31］ROSENBERG E. Water Infrastructure and Community Building: The Case of Marvin Gaye Park［J］. Journal of Urban Design, 2015, 20（2）: 193-211.

［32］莫里斯·哈布瓦赫. 论集体记忆［M］. 毕然, 郭金华, 译. 上海: 上海人民出版社, 2002: 37-41.

［33］阿尔多·罗西. 城市建筑学［M］. 黄士钧, 译. 北京: 中国建筑工业出版社, 2006.

［34］靳立鹏. 都市农业与生态公共艺术［J］. 公共艺术, 2009（1）.

［35］刘雨菡. 艺术介入的社区营造与规划思考［J］规划师, 2016, 23（8）: 29-33.

［36］Hou J, Johnson J, Lawson L. Greening Cities, Growing Communities［M］. Seattle: University of Washington Press, 2010.

［37］Clark W L, Jenerette G D. Biodiversity and Direct Ecosystem Service Regulation in the Community Gardens of Los Angeles, CA［J］. Landscape Ecology, 2015, 30（1）: 367-653.

［38］刘悦来, 尹科娈, 葛佳佳. 公众参与 协同共享 日臻完善——上海社区花园系列空间微更新实验［J］. 西部人居环境学刊, 2018（4）.

［39］孟磊, 江慧仪. 向大自然学设计: 朴门Permaculture 启发绿生活的无限可能［M］. 台北: 台湾新自然主义股份有限公司, 2011.

［40］Rene tanner. A Review of Edible Landscaping with a Permaculture Twist: How to Have Your Yard and Eat It Too［J］. Journal of Agricultural & Food Information, 2015, 16（4）: 351-352.

［41］（美）April Philips. 都市农业设计可食用景观规划、设计、构建、维护与管理完全指南［M］. 北京: 电子工业出版社, 2014.

［42］Brown, Jeff. Permaculture Design［J］. Natural Life, 2012（11/12）: 14-17.

［43］Holmgren D. Development of the Permaculture Concept［EB/OL］. http://www.holmgren.com.au.

［44］Henderson Harold. Saving the World with Permaculture［J］. Planning, 2015, 81

（10）：59-61.

[45] C. E. Mancebo, G. De la Fuente de Val. Permaculture, A Tool for Adaptation to Climate Change in the Communities of the Laguna Oca Biosphere Reserve, Argentina [J]. Procedia Environmental Sciences, 2016, 34（4）: 62-69.

[46] Ploger J. Public Participation and the Art of Governance [J]. Environment and Planning, 2001, 28（2）: 219-241.

[47] 蔡君. 社区花园作为城市持续发展和环境教育的途径 [J]. 风景园林, 2016（5）.

[48] 刘文平, 佟瞳. 北京市城市农业发展前景研究 [J]. 中国农学通报, 2011, 27（4）: 285-289.

[49] 刘悦来, 寇怀云. 上海社区花园参与式空间微更新微治理策略探索 [J]. 中国园林, 2019（12）.

[50] Birky J. The Modern Community Garden Movement in the United States: Its Roots, Its Current Condition and Its Prospects for the Future [D]. Tampa, Florida: University of South Florida, 1999.

[51] Goddard A M, Dougill J A, et al. Scaling up from Gardens: Biodiversity Conservation in Urban Environments [J]. Trends in Ecology & Evolution, 2010, 25（2）: 90-98.

[52] SIMSON S, STRAUS M. Horticulture as Therapy: Prin-ciples and Practice [M]. CRC Press, 1997.

[53] HALLER R L, KRAMER C L. Horticultural Therapy Methods: Connecting People and Plants in Health Care, Human Services, and Therapeutic Programs [M]. Boca Raton: Chemical Rubber Company Press, 2016.

[54] 章剑华. 园艺疗法 [J]. 中国园林, 2009（7）.

[55] 葛倩玉, 胡博. 以园艺疗法介入城市高龄空巢老年人的孤独感研究 [J]. 青年时代, 2019（11）.

[56] 汪好. 城市生态学视角下的公共艺术介入 [J]. 公共艺术, 2019（4）.

[57] 周灵芝. 对话之后：一个生态艺术行动的探索 [M]. 南方家园出版社, 2017: 34.

[58] 陈炯. 甘露——生态场域理论视野下的越后妻有大地艺术祭 [J]. 美术观察, 2020（2）.

[59] 梁漱溟. 乡村建设理论 [M]. 上海：上海人民出版社, 2011.

[60] 周娴. 两岸公共艺术研讨会纪要 [J]. 公共艺术, 2016（1）.

[61] 于宏. 以"艺术赋能"引领乡村文化振兴——以铜陵田原艺术季为例 [J]. 阿坝师范学院学报, 2020（3）.

[62] 焦兴涛. 寻找"例外"——羊磴艺术合作社 [J]. 美术观察, 2017（12）.

[63] 张承龙. 公共艺术在行动之"乡村重塑，莫干山再行动"[J]. 陶瓷科学与艺术, 2018（11）.

[64] 李志强, 吉皓哲. 艺术节对于乡村构建与推广的价值研究——以衢州柑橘文化节为例 [J]. 装饰, 2019（4）.